U0172532

**无为而治**

FORM&MATERIAL

形式与材料的表白

章俊华

中国建筑工业出版社

图书在版编目（CIP）数据

无为而治：形式与材料的表白／章俊华著. —北京：
中国建筑工业出版社，2019.11
ISBN 978-7-112-24398-3

Ⅰ.① 无… Ⅱ.① 章… Ⅲ.① 景观设计 Ⅳ.① TU983

中国版本图书馆CIP数据核字（2019）第245944号

责任编辑：杜　洁　兰丽婷
责任校对：王　烨

# 无为而治——形式与材料的表白

章俊华

*

中国建筑工业出版社出版、发行（北京海淀三里河路9号）
各地新华书店、建筑书店经销
北京锋尚制版有限公司制版
北京中科印刷有限公司印刷

*

开本：880×1230毫米　1/32　印张：6⅜　字数：213千字
2020年1月第一版　　2020年1月第一次印刷
定价：55.00元
ISBN 978-7-112-24398-3
　　　（34833）

版权所有　翻印必究
如有印装质量问题，可寄本社退换
（邮政编码100037）

## 写在前面的话

如果说建筑是思想的容器，那么景观也当被比喻成心灵的写照。我们可以经常看到毫无保留地把最"美"的一面展示给大众的同时，又隐约地感受到过于急功近利以至于显得缺乏自信的随流作品；也有觉得好用就不顾一切地用到同行都厌倦了自己也从来不嫌弃的仿真作品；还有自我感觉奇好，总是沉浸在不能自拔的状态中却不知因为没有细节而葬送了品味的自恋作品；最可惜的是一往直前的强势派，从不知还有退一步海阔天空之说，遗憾的是只会以自我为中心的海派作品；当然也有游刃有余，伸展自如的佳作。然而，最多的还是那些既不难看，又相对成熟的行活作品。随着时间的推移，想必设计师的作品也在发生变化。有的会越来越"老来少"，也有总是"长不大"，但很少会有总是"不老去"的作品，无为而治也许是现阶段本人创作状态最恰如其分的表述！

本书中收录的3个作品。新疆巴州和硕政府广场面对老生常谈的设计模式，条件反射式的叛逆，进而反映到图面上变成为如此执着却又略显无趣的构图，可能成为绝前也绝后的处女之作。设计上摒弃了所有的顾虑，随心所欲的真实表露，每一笔操作都力求达到明确与通俗易懂，资金短缺使得以种植支撑空间成为唯一的选择。在这里尝试了如何让近似无序的植物有形化。这种将种植作为组成空间体块材料的思维方式挑战了传统范畴内对植物习性尊重的优先秩序。"非常规"的表现欲阐述了创作阶段的心境，看似各自为政的错位，却存在于相互关联之中——常态中的"刻意"。秦皇岛阿那亚Ⅲ期一开始的"脱地产"让我们不知所措，放弃表象的奢华，追求有节制的高尚的生活方式成为主导思想，在这里没有刻意的标新立异，也无需任何娇揉造作的形体表现，所能做的仅仅是对细部适度的刻画，同时以最大的可能性确保场所空间尺度的完整，随时间变化而永葆常态。与上一案例相反，形式上的节制，让人感受到谦逊的魅力，蕴含着高贵中的时尚。提供给甲方的是最易管理、最恒定的空间尺度。看似无惊无喜，却能够让海边乌托邦安详固化的空间越来越显示出它的初衷所在——无形中的有形。新疆巴州和硕团结公园的现存道路与林地构筑了公园的骨架，对水与光的演义成为作品的主题，大面积的水域形成了一道视线通廊，设计上采用的3个节点营造，使通廊演变成公园的核心虚轴。在这里没有像政府广场那样强烈的刻意表现，也不像阿那亚有节制的高尚。而是一切顺其自然，所能做的只是在如何观赏及如何到达上的功能梳理。做的放松而不牵强，让水面去记述自然中的一切一切。不用任何语言的装饰，也无需过多的空间塑造。水面已经足够承载场地的魅力。再多的操作均显出徒劳与如此单薄脆弱，有时候用画蛇添足来形容也为之不过。在这里可以发现大自然的时与空——水与光的秩序。

本书文头也同样收录了十五篇短文，没有华丽的辞藻，更没有惊心动魄事件，有的只是世间的凡人小事，生活中的真实写照。如果把它作为一种"世界观"来比喻的话，也许就可以从另一个侧面忠实地反映到其作品之中，节制、含蓄、顺其自然，以至于随心所欲等均希望表达这样一种诉求——无为而治。

章俊华
2019年元月于松户

# 目录

# 1

陋言拙语

孙筱祥先生虽然已经离开了我们，但是他留给我们的确是永恒的记忆，之前也发表过记述孙先生的文章，然而今天要给大家叙述的是近10年前的事情。虽然大部分的内容已经发表在2012年，不过对于今天的读者来说，好像更加需要，因为真理永远没有时间或者说时代的界限。

2011年的一次回京正好赶上要为孙筱祥先生过九十大寿，心里暗暗想如果能参加的话，那真是一件荣幸的大事。孙先生桃李满天下，像我这样学生时代并非很优秀的学生，哪能轮得上参加呢，更何况毕业后基本上是在留学和在国外工作。可也不知是老天爷一时走了神，还是办事员的失误，接到通知说是被"点名"要求参加。现今社会还真有天上掉馅饼好事？也许这就是所谓的"梦想成真"吧！

当天分外精神的孙先生无时无刻在讲"园林"，就好像人永远离不开水一样，让人感觉到一种"化身"般的存在。前一段时间还在说中国园林界需要大思想家的出现，也许孙先生就是我们期待已久的大思想家。特别是他老人家的即兴发言可以说完全超出了常规的言语，是一种净土般的享受，可以说是"绝前"，也很可能成为"绝后"。下面摘录一段与读者分享！

……我原来自己以为是一个做学问的人，做学问的人进入21世纪以后，我现在发现，我不适合再做学问了，为什么呢？我知道的越来越少了！我不懂的越来越多了。如果我还要在这儿坐下去呀，我就是把自己放在火炉上烤了。所以我后来就"别"了，而不是哗众取宠。所以我想了一个"告别"的方法，那么我把学者两个字不翻译成scholar，我翻译成student。student是真正的学者，因为呢，他们自己不懂就问，见人就问，早上问，中午问，晚上问，哪里都问，这就主动了。所以呢，我现在要讲：I am order student of modern landscape architecture in the world.（众笑）做学生呢，若去无从。人家问你，工作不工作，我要做学者就非常固道了，做学者，大家都跑了，你了不起，你厉害。我要做学生呢，大家就都在一起，三人行必有我师，做一个学生呢其乐无穷。我的话今天到这里为止，所以说，我自己是怎么想呢，我们的后起之秀，我们的老朋友，都想想这还有些道理，这有些道理的话呢就不容易了。现在呢，不讲道理的人太多，那么我们呢，要多讲些道理。好，谢谢大家，话不要多说了因为我是一个student（根据录音整理）。

孙先生一针见血的发言，可以说把他老人家要表达的真实感受和想法惟妙惟肖地表达出来，已经完全超脱升华到另一个层面，既深刻，又直白，既坦诚，又有哲理。我碰到的几位当时在场者均能顺口说出以上发言的大意。这种无形的魅力，也许只有像孙先生这样几位园林界泰斗级老先生才具备。没想到有生之年也能遇上"梦想成真"的好运，如果此后有人问我还有什么"要求"吗？答案应当是"不会再有了"。

现在的情况是：不是学者的争当学者，争当上学者的要再争当"大"学者，争当上"大"学者的最后还要争当"一流"学者，由此引发了拿了国内设计大奖的要再拿国际设计大奖，拿了国际大奖的还非要再拿学术论文大奖，要不然生怕被别人说只会"武"不会"文"或只会"文"不会"武"，一定要做到"文武双全"。这样一来，年轻人要拿奖没有实践的机会，要发言没有展示的舞台。"文革"耽误了一代人，也造就了下一代人，而这下一代人也许又会耽误下一代的下一代人。因为他们都"太"早年得志，而且个个都是不倒的"常青树"，闹得下一代不是"永不成才"就是"大器晚成"。最可惜的是一辈子怀才不遇。

（引自：《风景园林》，2/2012，Vol.97，P156-157，《当今社会的生活哲学》一文）

# 八景岛

那还是上硕士一年级的时候，选了田畑先生［千叶大学名誉教授，（财）日本自然保护协会理事长］的课，因为是大学硕士研究生的课，人数不超过10名，采用讨论式授课的形式，一般课程结束时会组织一次参观，这次也不例外，地点是横滨市金泽区的"八景岛"。

八景岛是1988年3月以西武铁道集团为首的9家企业共同开发的项目，面积24hm²，是由水族馆、海滨公园、酒店等组成的复合型游乐休闲地。人工填海造地形成的八景岛属横滨市管辖，设施分布主要沿海，当时正值盛夏，天气闷热，可是交通很方便，进岛后的电车共有4站，我们从第一站下车参观完后，又坐电车到第二站、第三站分别进行参观。24hm²的地块在中国也不算大，徒步走不会感觉太累，并且八景岛的游览方式确实非常舒适方便，一天下来也

没走几步路，而且车厢里空调很好，在外面稍稍感觉有些热的时候，就又可以回到车里，几乎不太会出汗。参观结束后，老师要求每个人写一篇感想，并在下一周的课上发言。八景岛整体上无论是施工质量还是管理水平应该说都是一流的，每位学生的感想都是大篇幅的赞赏，当然我也讲了很多好的地方，特别是游览交通的便捷，确实是一个非常舒适的参观体验，但是总觉得有点遗憾，那就是因为太方便，太舒适，反倒对此处的整体印象并不太深刻，有的时候我们的工作并不是为游人提供现代化城市中完备先进的各种设施，而是应该让游人更多地去体会城市中无法体验到的一切。之后的很多年我都一直在思考这个问题，特别是近几年，无论去什么地方，都要求徒步行走，哪怕是车跟在后面，也一定要亲自走一走，虽说是走马

观花，但也能留下较深的印象。

　　不能说"八景岛"不是个好项目，但至少说它还有改进的余地。作为一名规划设计师，应该更好地审视自己所从事行业的真谛。一切事物都存在着其两面性，而处理好这种"关系"正是我们规划设计师的责任所在。

　　其实设计的时候很少考虑到这方面，至少我是这样。现在美丽乡村建设的项目很多，如特色小镇等等，硬件可以很快地建设起来，但是软件却不是这么容易建立的，特别是文化领域的场所几乎根本无法进行无中生有的复制。它需要时间和人类活动的沉淀，才能形成固有的文化氛围，一旦离开这片土地，这里的居民，再激进的手法都会显得无力与苍白。正像业界经常说的那样："只有最民族的东西才是最国际的，并永远光芒万丈。"从某种角度来讲，八景岛

的建设正值日本泡沫经济的开始，可以说是时代的产物。不能说与中国当今的发展状况类似，但至少是可以借鉴的案例。设计师不光需要创作的灵感，有时更需要多花时间去思考。宏观与微观均涉及的领域已经成为当今设计师不可回避的话题。

# 春泳

　　北京有一条运河，上初中的时候经常去那里游泳。没有时间和场所的限制，自由自在，而且最大的吸引力是还可以潜到水下摸蛤蜊。有时互相逞强从跨越运河的桥头上往下跳，在记忆中我只跳过一次，用了最安全的方法叫作"跳冰棒"，也就是和人站立的姿势一样，脚冲下，头冲上，捏紧鼻子闭紧眼，现在想想打死也不敢了。

　　记得好像是在上初二的春季，有一天下午不知是什么原因学校不上课，班上的几个男生不知道干些什么好，有人提议这么早回家没意思，一起去运河玩吧！和现在不一样，4月初的北京，天气还感觉很冷（10℃左右），也不知是谁什么时候从哪儿弄了一瓶二锅头，当时大家是一群十四五岁未成年的孩子，也不顾白酒有多厉害，每人连喝几口，借着浑身发热的酒劲，纷纷入水。原本

这样"圆满"结束也就了事了，但大家多少有点酒劲，思维越发活跃，一致认为要将这次"春泳"的壮举告诉在校的同学，所以骑上车就又回了学校，没想到酒劲上来后的我们个个满脸通红，一进校门就被老师盯上，追问这是怎么回事，还没等我们"夸耀"的时候，已被老师严厉批评，最后全校通报，让我们一起去的几个人写了两个星期的检查才了事。但运河确实给我们留下了美好的记忆。

　　再看如今的运河，河道被大理石护岸处理得更加"整齐"，又作为城市水上游的一环"顺利"通了行。沿河两岸设置了高标准的游步道，完备的休闲设施……，但是再也看不到运河中的游泳人群，再也不能摸蛤蜊扎猛子了。过去什么设施都没有，可是来的人很多，现在该有的都有了，反倒来的人少了？以

前无论是杂志，还是在一些会议上，都会看到或听到对运河改造的议论，总之是批多赞少。后来在中关村环保科技园规划建设研讨会上，水利局的代表还大力赞赏运河这次的改造可以抗100年不遇的洪峰……。现在的北京视水如油，年降水量说是720mm，但实际上也只有400mm左右，有些地方甚至连350mm都不到，还赶不上一次大台风的降水量呐！

在这个问题上，日本也走过类似的路，1960年代高速的经济发展，带来了不同程度的污染，河川受到的影响最为严重。在这种情况下日本开始治理河道，钢筋混凝土笔直的护岸确实立刻使得水不再有味了（当然截污起到了很大的作用），过几年后水也渐渐清了，可是却怎么也等不来鱼等水生物的出现。原来十分喧闹的河岸，变得永远是冷冷清清，为此，日本开始从1980年代后期逐步开始恢复自然河道。韩国首尔的清溪川也是成功的典例之一。人们都说做学问没有什么近道可走，难到他人走过的弯路我们就不能少走一点吗？如果说我们这代人运气不好赶上了大发展带来的大破坏时代的话，那也就算了，可是也别忘了，我们的下一代和下一代的下一代，不给他们留有"春泳"的机会，似乎也太残酷了吧！

# 出游

1980年代的出游多指北京郊区，如百花山、沟崖、妙峰山等等，现在的出游可以是国内，也可以指国外。而今天要讲的是指非典期间的一次出游经历。

当时规定学校的学生不准出校门，暑假也不能放假回家，就连北京郊区都已被封闭了。有一位朋友是林业局的，可以开带有林业警察牌子的车到郊区转一转，但也不是每个关卡都能通行。当时我正在做十渡风景名胜区南水北调的调整方案。如果可能，趁这段较空的时间去拒马河的上游野山坡看看，那里是国家级风景名胜区，管理有方，原来十渡的五条沟里大概分别有2000多只山羊，但近些年增加很快，据说野山坡禁止放羊后全都跑到十渡来了，当时掌握的数据大概有2万多只。此前去过一次野山坡，还有印象，这次去除了散散心，最重要的是想了解一下如何禁放的。

和朋友约好，开车走京石高速从涿州出口下，过去比较方便。我们一大早就出发，高速公路还算顺利，一下就到了涿州出口，下了高速，所有的车都要求消毒检查，车身及车窗被消毒液喷的满是白泡沫，不过很快就通过检查。心想这一关过后可能问题不大了，因为再往前走不多远就是进山的路，只要一进山人会很少，设卡的可能性就更小了。看来北京自己弄得大惊小怪，外地并不像说的那么紧张。可就在马上要进山的公路上远远看到又有一个检查站，好像并没有刚才那样车前车后消毒，问问干什么去，在稍微看看车里的情况也就放你走了，但还是要一辆一辆的通过。我们的车排了有近15分钟，终于轮到检查了，在排队过程中，虽有被要求返回的车，但大部分的车均顺利通过。我想这次是去"工作"，解释解释应该没问题。可下车后还未等我说话，对方就斩钉截铁地告诉我们不能通行。解释说有工作，而且在前面的关口做了全面的消毒，并指了这车上留下的消毒液的痕迹。但无论如何解释也无济于事，唯一的理由就是挂北京牌的一律不准放行，这时有一位出租车司机凑过来悄悄对我说，先跟他回县城，把车放下后，再坐他的车，通关不会有问题，真是个好主意，我们决定跟他先回县城。到了县城后，他把我们领到县城招待所，门卫问我们做什么，我们说住店，就很顺利地开了进去，并把车停在停车场，拿上行李放到出租车上，到楼里上了个洗手间。最多也就是不到5分钟的时间，当我们再回到出租车上准备出发的时候，刚才那位门卫急急忙忙跑过来说我们的车不能放在这儿，我们解释说是住店的，他说刚刚接到通知，北京来的车一律不办理住宿。出租司机也帮我们说好话，但最终也还是无济于事，无奈只能把行李又拿回自己的车上。这时司机又凑过来悄悄地说，放到自家住的大院去。好，这也是个好办法，很快又跟他来到一个住宅区。和北京1980年代的居民区差不多，五六层的板楼，居民都在楼下聊天，我们把车靠在路边，司机去帮找一个较安全的地方停车。等了大概有10分钟还未见司机回来，只好先下车活动活动，一下车就看到司机在不远的地方跟几个人在说着什么，又过了一会

儿，司机终于回来了，脸上微带谦意地解释到，这里不太方便放车……。我们知道居民们还是对北京来的车有心理障碍，看到我们很失望的样子，他又试探地说，要不我带你们走小路绕过那个关口。我们当时都很兴奋，心想怎么不早说呢，省得如此周折了。不过这时的司机好像有什么想说又说不出来的话，跟我同来的人很聪明的补充道："太好了，你带路，我们跟在后面，费用照付"。听到这里司机脸上又露出笑容，就这样我们又开始出发了。小路是田间土路，不太好开，平时最多也只是走走马车和拖拉机之类的，不管怎么说，想到马上就要绕过关口，刚才发生的周折也不算什么，而且眼看穿过最后一个村就可以进山了。前面的出租车顺利地通过了村里的最后一个路口，正在我们准备为此欢庆时，忽然从路边蹦出二位戴红绣标、手拿小红旗的人，示意停车……。我们最终的尝试还是未能成功，没办法只能打道回府。在回京的路上一直在想，平时外地车来京要办进京证，北京车去哪儿都没问题，没想到今天的北京车到哪儿都是人人"喊打"。真是三十年河东四十年河西，将来的事谁说得清，还一直在遗憾：要是不开北京车，要是不去上洗手间（县招待所），也许现在早就到野山坡了……。不知不觉回到北京时已夜幕降临，该为这次"出游"划个句号了。

# 温差

中国国土之大，南北温差大就不用说了，在新疆白天与晚间的温差也是有目共睹的。所谓抱着火炉吃西瓜的形容是最恰当不过了。也就是这种"温差"为当地创造了良好的水果培育环境，俗话说霜打后的水果绝顶甜的道理就源于此。曾经带过一些新疆的葡萄给日本人品尝，每个人都称赞它的甜，我也在日本寻找过很多种类的葡萄，最贵的一斤要卖100多人民币，但是无论怎样改良优质品种，都赶不上新疆的好吃。

说起温差，印象最深的经历还是2002年参与深圳园博会的时候，10月底的北京与深圳虽有温差，但那次确实超出了自己的想象。去的时候还好，深圳基本上每天最热时还是保持在接近30℃左右，但从深圳回北京的飞机上下来时，已是一片银白色的雪的世界。前一天去时还有十几度的北京，骤然降至接近零度。机场高速路旁的毛白杨林，树叶还未全部落光，据说当年一半以上的杨树的顶枝被积雪压断。如果注意观察的话，现在还能看到机场路两侧的树林还遗留着一小部分被"削"了顶的毛白杨。新种了一批毛白杨再过二三年一定就会超过那些被削过顶的树。当年北京的行道树也同样损失惨重，特别是那些乡土树种，如国槐、白蜡、银杏的树冠均像提前进入老年期一样，自由分叉，形不成一个完整的树冠。这几年"状况"有很大好转，但也永远失去了它最优美的树冠形状。

接下来的几年，再去深圳也都是当天往返，不是因为怕温差，而是可以节约时间，这在过去是无法想象的。现在就连香港与日本都可做到当天往返。

言归正传，到济南的园博会，中国的园博会已举办了7届，自己直接参与的只有2007年的厦门园博会和2013年的北京园博会。深圳园博会当时主场地所在的福田区要求帮助策划一下其在园博会的参展园。也许是主办方，选址是最好的，面积也是最大的。据说选址一事也得到孟院士的首肯。虽然没有做到最后，但最初的台地状的花径，深入水面的挑台、强调的视觉轴线等均在最终的作品中有所反映。

虽然是同一个国家，南北文化的差异却显得如此之大，首先是饮食，其次是语言，最后还反映在对公共场所空间的表达上。一般来说，人们对佛、神的态度是比较神圣的、非日常性的，但北南之间的差异表现出来的场景让我为之一惊。也许是少见多怪，传统、崇高的空间氛围，却很"随意"地融入大众的日常生活空间中，没有人会大惊小怪，可以被称之为文化上的"温差"。设计师如何理解、看待、认识这种温差，反映出他对自身创作的一种态度。以不变应万变是一种态度，以大、壮、绝表现自己的作品也是一种态度，而以淡、素、凝反映自己的作品又是一种态度。这种不同的态度，体现出空间设计上的不同"温差"。不能简单地像比喻水果一样赞扬温差越大越好，但是如果这种温差一点都不存在的话，至少可以说给人留下的印象就不会太深，一定很难成为好作品！同时也说明并不是只有"大、壮、绝"才能创造出印象"深"的效果。而歉逊、含蓄、节制的表现手法也同样可以给人留下深刻的印象。所谓没有"个性"也是一种特色，"越平凡就越有个性"的说法也经常可以从大师的作中品中看到。所以说没有"温差"也许就是另一层次上的最大特色！！！

# 张家界

最早去张家界还是1984年夏季，当时正值毕业设计结束，把成果包括模型（印象中应该有9m²大）提交甲方后，从柳州坐火车到大庸，再从大庸坐汽车走五六小时山路才能到张家界。那时的张家界只有一个3层楼的招待所，前面有个大广场，广场的一边一到晚上就成了夜市，摆满了摊位。菜的种类很丰富，但均有一个共同的特点，那就是"辣"，每道均是布满红红的辣椒，这对我们北方来的人怕是一时很难适应。第一天总算是填饱了肚了。

张家界当初有3条游线：2条上山，1条走水路，再加上附近的景点，想慢慢游几天。张家界的景色实在是太绝美了，与桂林秀丽的山峰相比，确有雄厚俊杰之感。当时的游人并不太多，游览道走起来很轻松，可以有很长一段时间前后均无游人。而且有时碰到游人也均

是当天一起进山的熟面孔，所以很逍遥自在。但是也许是连日的奔波，加上顿顿是吃辣的原因，一起来的同学均有不同程度的不适反应，其中最大问题是人人上火，喝多少水也不管用，最后决定不吃"辣"的菜。

山下的菜均是刚刚做好的一盘盘菜，任你挑选，没有菜单，只能在已做成的菜中选择，但山上的小摊可以由客人自己点。一般的菜一定都多少带一些辣椒，而炒鸡蛋应该没问题，为了防止出现万一，我们从一开始就强调不要放辣椒，对方也满口答应，看着他把鸡蛋打在碗中，热锅加油，整个过程进行得很顺利，案板上的鲜辣椒没有丝毫被碰动，油已开到8成热，心想这回总算是可以吃到不辣的菜了，松了一口气，回头看了一下对面的山峰，待再回过身来，看到大厨师正准备将鸡蛋往锅里到

时，另一只手伸向调味料的小罐区，我们都以为是去抓盐，没想到看到的却是一大把辣椒面，我们齐声喊到不要放时，已经来不及了，只见辣椒面与鸡蛋几乎同时进入滚开的油锅内，鸡蛋的"抢锅"声一时淹没了我们的声音，迎面而来的是"抢锅"的辣香油烟，现在想想会馋得流口水，但当时一扫已兴奋起来的食欲。当我们追问他不是答应不放辣椒的吗？对方解释说："对呀！没放辣椒呀！"我们说那不是红红的辣椒吗？对方又说，是呀！那不是辣椒，是辣椒面，一点都不辣！天哪，辣椒面不是辣椒是什么……。当地把辣椒面只当作调味料，不算是辣椒。好像从来也没看见哪本教科书或字典是这样解释的。原本兴致勃勃的旅游，因饮食等水土不服，大家一致归心似箭，坐汽车到襄樊连夜搭火车回北京，由于过路车均买不到坐票，也不管那么多了，只要能早些回家就行。没想到车上人多到只能一个挨着一个站在列车的过道中，这段时间的颠簸，又累又困，什么也顾不上了，往布满灰尘和果皮的车厢座椅底下一钻，倒头就睡，昏昏沉沉中不是侧身被碰一脚就是脚被踩一下，不时还得与同学换"防"。但不管怎么说，那是当时最奢侈的场所了，几天下来我们都是只进不出，回北京后才慢慢缓过来，尝尽了便秘的苦楚。

最近一次去张家界是2004年的事，整整20年，当初的招待所还在，只是夜市的小摊不见了，山还是那样美，水还是那样清，多的只是游人和临街的餐饮、住宿、小商店等服务设施。

## 永不到达的目的地

从2000年开始陆续在新疆做了乌鲁木齐燕子窝风景名胜区的保护规划、人民公园改造规划设计（未实施）、天山野生动物保护地规划设计及头屯河区景观体系总体规划等。但除了乌鲁木齐及吐鲁番石河子外，其他地方都未去过。2007年的夏末受库尔勒市建委及园林局沈局长之邀去了一趟。没想到年降水量不到50mm的地方，又处在沙漠的边缘，却是一个美丽的绿洲。当时正好赶上市政府前公园的改造工程，对方希望我们能介入，但是现场的原有骨架已不太好大动，改造工程很难控制。首先是感觉没有太大信心，就向对方提出可否找一块面积不是很大的地块，从零开始设计。最后市里面拿出一处条状的街头绿地，起名叫"新华园"。

接到项目一个月后，去库尔勒做第一次汇报。出发当天北京天气很好，记得飞机是上午9点左右的，一大早就从事务所出发，一路很顺利，按时到机场、按时登机、按时飞起。因首都机场没有直飞库尔勒的飞机，必须在乌鲁木齐转机。当飞机飞了近4个小时左右时，我觉得有点不对头，因为每次天山山脉均在飞机的左侧窗口出现，而这次怎么会在我们座的右侧窗口也能看到呢？正在不解时，机上传出了乘务员的广播声，因乌鲁木齐机场气候条件不允许，现在只能先降落在克拉玛依机场。没办法，下飞机后据说要等三小时后才能再起飞，当天在乌鲁木齐转机已是来不及了，既然这样也只能耐心等待。看看还有时间就决定到克拉玛依市里转一转，可是出了大厅，外面风很大，根本就没有出租车，没办法只能求救远在库尔勒的沈局长帮我们联系当地的建委临时接待一下。过了大约有二十多分钟，对方的车到了机场接上我们就进了城，路又直又宽，出机场往北开，然后往左转（西面），一直开就到了市内。虽然在飞机上吃过便餐，而且也已过了午餐的时间，但不知为什么，只要一到新疆，做的第一件事必是痛吃一顿拌面。也真怪了，只要在新疆，无论是去吐鲁番路边的小摊上，还是市中心正宗的新疆餐厅，当然也包括现在的克拉玛依，纯正的味道均保持一致，与全世界连锁的麦当劳、肯德基完全一样，几乎不会变一点味。可是要在北京吃的话，总觉得味道不太一样。用完餐后，参观了市内几条大街和新开发的住宅小区。因为是发现石油后才发展起来的新城市，与其他外省类似规模的城市区别并不是很大，不过参观了最早发现石油的"一号地"却留下了深刻的印象。从停车的地方走到"一号地"最多不会超过150m，

可是当时的风力之大，纯牛皮的大衣也挡不住寒风刺骨，人必须保持前倾的姿态才能勉强保持平衡站立。没走出多远，脸已被风吹得失去了感觉，最后只好背朝前以倒退的姿势前进。回来时还好是顺风，途中都在想，如果再待上五分钟，一定不太可能活着回去。有了那次经历后，对电影中登山运动员向顶峰冲击时，每前进一步都要付出无比的代价有了更深的体会和理解。

飞机大概在克拉玛依停了四小时，接着重新起飞，据说飞到乌鲁木齐也就半小时左右，可是没飞多久，乘务员又通过机内广播很抱歉地通知，乌鲁木齐机场还是无法着陆，只能改飞敦煌，当时真想说加把劲直接飞到库尔勒该多好呀！等最后飞机到达乌鲁木齐时已是深夜11：30。原来的计划是当天到库尔勒，第二天一早给市长汇报，坐下午

两点左右的飞机飞回乌鲁木齐再转机回北京，第三天还有其他安排。其结果最终只好让同行的设计师小王自己去库尔勒，我第二天早晨直接飞回北京。

因怕飞机再次晚点，沈局长从乌鲁木齐要了一辆车，第二天早晨不到六点钟就接上小王出发了，路上有雪，据说赶到库尔勒已是下午四点多，整整十个小时。我那天晚上没什么事，被贺区长拉去喝酒，赶到那里时已是近深夜一点钟了，但在当地才只是十点多的感觉，更没想到的是当天是朋友的生日party，来了很多人，他借机向大家介绍，这是才从北京特意赶来参加party的章教授，让我们共同敬他一杯，就见已经喝得有些多的来宾纷纷跑过来非要喝一杯，新疆人意气很重，不喝不行，几杯酒下肚，自己也快喝过了，好在第二天早早地就醒来了。看到外面的路上已洒满雪花，第一反应就是赶飞机，因为前一天晚上没怎么吃饭，肚子里有点空，心想必须吃碗拌面再上飞机。上了车后，就对司机说去机场的途中先去吃一碗拌面。司机说：这里哪有早晨吃拌面的？大家都是中午吃。我说求你了，一定找一间店铺。看我执意要吃的样子，就帮问了几家，但都说只有等到中午，最后司机带到他的一个朋友的店，才算专为我做了一份拌面。

想想从2001年开始先后多次来新疆，早晨没有拌面还是第一次知道，虽然未能赶到库尔勒，但千里迢迢来与朋友相聚，并吃了两顿正宗的拌面，看了"一号地"，也算是收获"不小"，不虚此行。不知是那次对我们的方案不满意，还是未能亲自赶赴汇报，后来此项目就没有继续下去，直到半年后也没有再去过库尔勒，不会是真正成为永不到达的目的地吧！（注：两年后的2009年初又重新开始启动这项工作，同年10月竣工，并上了国庆60周年中央电视台的新闻联播）。

从此后，一干就近20个年头，也许还会无止境地继续。后来也慢慢地总结出经验了，凡是换了新人，都会出现大大小小的问题，无一幸免。近些年是新疆天气变好了，还是航班管理水平提高了，总之不太会向前些年那样折腾了。也许是老天爷长眼，这么多年从日本出发回中国从来没有碰到台风、大雪等天气问题，就连福岛大地震的时候也正好不在日本。反之则历经千险，看来回中国是一路畅通！

# 私人牧场

那还是在我回国工作接近两年的某一天，突然接到一个陌生电话，说受他的香港总部的老板之意，邀请给他们做一个私人牧场，地点就在张北附近。那时候对这种突如其来的电话早已习以为常了，也就顺口说了句可以呀。没过几天就约了个晚上的时间见面，地点就在从小上学每天必经的中国农科院主楼（现在已经盖新楼了）。据说形状取自飞机造型中机头加机翼部分，其后的大礼堂是机尾，其间的连廊是机身，不知什么原因最终未能完成，只完成了一条连通的道路。二十几年后又一次进到这个当年日本人盖的主楼里，高高的屋顶，虽然已经较为陈旧，但仍不失当初的印象。相约的甲方代表是一位北京长大的中年男人，说话办事非常干脆利索，是典型的京城白领精英。三下五除二把该说的事情都交代清楚了，什么时候去看

现场，什么时候进行汇报都定下来了。其中的大别墅也希望我帮找一个高手一起设计。

接到任务后首先想到了邀请日本京大博士毕业后又在清华读完博士后直接去某大学当教授的老师来做这幢豪宅。冬天的张北真是美的绝顶，原本心里还没底的方案一下就有着落了，因为你真的什么都不需要动，能做的只是把私人牧场的户外功能放进去就足已，而关键的问题是把直升机停机坪放在什么地方最为合适。正巧借着回日本的机会参观了千叶最有名的Mazar（マザー）牧场。真没想到，牧场的学问这么深，好在这个项目是私人牧场，不然非要彻底恶补不可，实际上用现在的话来说就叫"私人会所"，需要的只是如何体现它的"豪"。很快就到了第一次汇报的时间，老板从深圳派来一位端庄美丽的

女代言人听汇报，景观方面的思路基本认可，直升机停机坪选了一处地势较高且远距公路的地方。最大的问题是那座豪宅建筑，因为是日本留学回来的建筑师，对空间的有效利用作了详尽的解说，包括客厅、卧室、卫生间、浴室紧凑的空间设计，甚至局部做成2层，门厅也配上阁楼以便更有效地利用空中的小空间，在很多边角空间上下了很大功夫，真正体现出日本设计领域中的绝不浪费一分一毫的创作理念。女代言人始终若有所思地听着，但却一言未发，倒是第一次接待我们的中年男人用一种北京高人特有的表达方式，说笑话似的把该肯定的和否定的都说出来了，也只有从小在北京长大的人才能真正理解其中微妙的含义。还时不常地穿插些八卦小段子，既不过分，还活跃了气氛。想必那位非北京出生的建筑师一定没有完全领会他的意思。记得最清楚的一段是：什么是"豪"，去过小布什的庄园吗？"豪"的标志之一就是"空间的浪费"；浴室太小，你当挤在一起洗鸳鸯浴呢？最少最少也得70m²以上！2层通通不要，只留一层，千万别做成"土豪"宅……。幸好女代言人最终打住了喋喋不休的中年男人的话，实际上他讲的一点都不油腻！结束后往回走的路上接到女代言人的电话，说后天要回深圳，希望明天晚上一起用餐。想必一定是今天有什么在会上不好讲的话，需要

去继续沟通呢！就调整了事先的安排赴了宴，餐厅就在友谊宾馆主楼东门外，很长时间没有来这附近了，居然还有这么优雅的环境。女代言人很有礼貌地提前等在那里，用餐过程中只字未提汇报一事，有时话题上下接不上还显得挺尴尬，吃得好沉闷的感觉，正当准备问汇报项目事宜的时候，对方突然冒出一句，你们日本男人都有外遇吧！一时间顿感一头雾水，对这突如其来的问话不知所措。首先我是正宗的中国人，其二这事也不能像电影、电视剧描述的那样。看我支支吾吾难堪的样子，好似正抓了个现行，还未等我解释，她就接了一句："好，今天就到这儿吧"！无奈也只能顺应着随她走出餐厅，起先帮助开门的小伙子以为是餐厅的服务生呢！没想到出了门直接打开停在门口的白色S600大奔，载着她过了马路消失在对面的车流中。走路3分钟都用不了的地方，还用专车接送，看来真得做"豪宅"了。据说后来建筑磨合了多次终于把空间调得真"豪"了，可就是2个车库盖出来后，勉强停进美式豪华皮卡却没有留出打开车门的空间，又一次无语了……。

# "鸟"与"蛋"

说起"鸟巢"想必国人都感到自豪。2008年奥运会的主比赛场就在"鸟巢"举行，因为它的外形实在是太像"鸟巢"了，自然而然地就被叫成"鸟巢"，并没有"褒贬"之意。自从有了奥运"鸟巢"后，就自然不自然地注意自然界的真鸟巢。正好2008年12月初到北京开会，早晨赶飞机走机场高速时惊奇地发现了很多鸟巢。原来总是走这条线，可却从来没有注意到它们。两侧毛白杨林中自然地散置着一个个鸟巢，间距大约都保持在30m，想必不会有人为的设计，但鸟类之间达成了共识，真是太奇妙了。一个挨一个，看似自然散置，却始终保持着一定的"潜规则"。而且很有趣的是：都偏爱靠近高速公路一侧，很像一般的乡镇主街，人们都愿意将房子盖在靠近大街的两侧。因为那是为了开店做小买卖，过上更好的日子。但鸟类又没有这些活动，难道不怕汽车的噪声和尾气的污染吗？

中国人的语言文化实在是太丰富了，同样一件事，可以从死说到活。国家大剧院最初被叫成"水蒸蛋"，但自从鸟巢出现后人们就改叫它为"鸟蛋"。听起来似乎怪怪的，因为用"鸟"来形容一件事，在中国并不是太积极的表述，比如说"鸟人"（不好的人）"鸟枪换炮"等等都不算是"褒意"，如果说到"蛋"就更不好听。什么"完蛋""坏蛋""混蛋""滚蛋"等等。更有甚者，把北京最有影响的重点工程都与"鸟"联系在一起。什么"鸟巢"（国家体育场）"鸟蛋"（国家大剧院）"鸟腿"（中央电视台）等等，北京快变成"鸟"城了。好在还不像把著名雕塑大师韩美玲给山东淄博做的凤凰雕塑说成是"鸡"雕塑，如果把鸟与鸡连在一起那就问题更大了。

在日本也有用"蛋"来形容某一事物的，比如说田濑先生的作品"地球のたまご"，译成中文就是"地球的蛋"。如果单从字面上理解，似乎很难解释通。田濑先生是日本著名的以生态设计为主的设计师之一。"地球のたまご"入选2006年日本造园学生作品集以及日本Architecture、Landscape Design等多个专业杂志中。2008年11月底和研究室的学生们及WAS事务所的天野先生一起去了一趟现场，对田濑先生的设计思想有了进一步的了解。田濑先生的设计一直是主张为生物提供最佳生息环境的生态设计。主要是通过引种当地野生状态下的植被，经过合理组合，使其不只是在四季景观及原风景的创造上形成独特的风格，同时又为这些植被及生物提供最适的生息生境，最终的目的是形成一个生物生息的极乐园，如同人类在圣经中所崇尚和描述的伊甸园（paradise）、诺亚方舟及中国的桃花源一样。田濑先生的理念是如果植被、生物都生存不好的话，人类也无法过上"好日子"。也就像人们经常说的"安家立业"，如果不"安家"谈何"立业"。正因为如此，田濑先生把这个作品称之为"地球的蛋"。"蛋"在日文中具有孕育着新生命的含义。田濑先生是希望把自己的作品比喻成当今地球上现代版的伊甸园、诺亚方舟和桃花源的新生命的诞生地，并从此展开一个新天地……。听完上述的解释，实在是暗暗叫绝，东方悠久的文化底蕴表现得淋漓尽致。再想想，日本的文化均受中国的影响，作为老祖宗的中国，现在又如何呢？什么卓越地产，幸福园，山川美……，直白得不能再直白了。就好似日本人的姓一样，什么"家在山脚下就叫山下"，"家在田地中就叫田中"，"家在又有河川又有山谷的地方就叫长谷川"。不知2010年上海世博会后上海会变成"什么城"。不过这种文化在中国的北方城市比较明显，特别是在北京。无论什么事，都能被编成"故事"。

# 天皇到访

已有近半年多的时间一直没有再写过小文章了，也不知做了些什么。实际上，这段时间一直想再开始这项漫长的工作，但一直未能实现，不是没有时间，而是没有进入状态。现在是2009年10月16日星期五，再看看上次写最后一篇文章的日期是4月17日，也是星期五，不过2009年的10月16日却是一个非常的日子，一定要把它记载下来。

2009年是千叶大学园艺学研究科100周年的校庆。千叶大学在日本也算是历史悠久的学校之一，不过也不是最早的学校，原6个帝国大学要更悠久一些。但是还没有听说日本天皇参加过哪所大学的100周年校庆活动。也不知是什么原因，这次千叶大学的100周年校庆，却传出天皇要来看其中的一个回顾展。据说天皇特别喜欢动植物，和歌山的池田动物园就是天皇亲属自家的动物

园，天皇本身也对园艺十分感兴趣，难怪经常可以从书中看到，贵族们总是把小花、小草、小动物当成他们生活中不可缺少的宠物。也许这是贵族文化的一种象征。真希望当今的"新贵"们也能有一些"闲情逸致"。这样一来我们的用武之地又会更丰富多彩了。

日本的安保措施很严格，从来访的前一天晚上开始，所有大的建筑物都禁止出入，但当天早晨6点开始又恢复正常，由于天皇只是参观在校园西北角处的户定会展馆，园艺学部的校园仅仅作为通过路线的最后一部分，所以当天所有的日常工作与教学照常进行。多的只是一些专职保安和带着黄袖章临时充当安保工作的大学年轻教师，不过也还有零零散散的几群学生，加起来最多也不会超过30人，手拿日本小国旗，三三两两站在沿途的不同位置，或坐在距沿途

不远的户外座椅上。从服装上看和平日没有什么区别，也许是临时自发的行动，每个人脸上却都显现出无比的期待和喜悦。就连平时很少在公共场合露面的老师也纷纷"出动"。并很主动地与其他老师打招呼！悠闲自在地渡过平日看来似乎是"很浪费"的两三个小时。我们学科有一位年近60岁的未婚女教师，那天特意带了一顶非常"check"的帽子，一身很年轻的装束，像是要出嫁的小姑娘一样，早早来到学校，并早早地站在沿途，时刻准备着天皇的到来，校园中的气氛就像她经常讲到的"江户时期的赏花"（江户时期の花見）一样，此时此刻才算是真正理想化的社会——没有上下级之分、贵贱之分、师生之分。每个人的目光中都充满了和睦、平等、友善……。这种发自内心的自然流露也许是"江户时期赏花"文化最典型的表现。试想除了中国将"赏月"的中秋作为全国的节日之外，没有一个国家将"赏花"作为一国的节日。这也由此可见，日本人民对大自然的热爱。

也许有生之年不会再有天皇到访校园的机会了，但这次的经历让我深深地体会到人与人之间的和谐平等的关系。可以说这只是短暂的，一时性的，但毕竟还是有这种"现象"的存在，并且在西方化、现代化程度极高的社会环境中，值得思考。不知我们的设计什么时候也能给人们带来这种发自内心的感情流露，告诫人们尊敬大自然，尊敬周边的每一位人，放弃所谓的身份、等级，回归人类最原始、超脱、理想的形态——人与人，人与自然的共生世界。

因地制宜

记得是2003年的10月5日，正赶上国庆七天长假，利用最后三天跑了一趟内蒙古，上飞机前北京的天气非常好，虽然当天的气温已有些凉意，但对我来说穿短袖正好。第一站是呼和浩特，距北京的直线距离也不过五六百公里，这身行装应该没问题。下了飞机，虽感觉比北京要凉一些，但还不至于有冷的感觉，可是在大厅里的人穿得却很多，再往外看接站的人们都是一副冬装，这时才发觉，穿短袖的人只有我一个。一出候机厅就感到寒风刺骨，来接站的朋友脱下自己的外套披在我肩上，到车上后又给我找了一件棉夹层上衣，真够狼狈的，离北京虽不远但海拔要高，近20摄氏度的温差是理所应当的。晚上招待吃荞麦面，因做得实在是好吃，就拼命狂吃，回到酒店肚子胀得受不了，就让同行的如生陪我到接近零摄氏度的大街上散步，后来才知道，吃荞麦面只能吃七分饱，没有人像我这种吃法，活了四十年，连这点常识都不知道，很是惭愧。

第二天天气很好，气温也比前一天暖和不少，我们坐车走高速很快就到了包头。沿途绿色植物并不多，可是到了包头一片绿荫，空气又十分清新，每条路都十分整洁，据说是完全按照苏联专家的规划，用几条绿色走廊将城市连在一起。陪同人员带我们参观了小区绿化，介绍说是大连古建设计施工的，确实施工质量非常之好，特别是混凝土仿木、仿石做得更为突出，据说施工方是给大连野生动物园做塑山的。原来如此！设计手法很像南方，小桥流水，非常精致。接下来参观了几个城市广场，其中靠近植物园的一个广场还配了水幕电影。与沿海发展较早较快的城市差不多，一点都感觉不到是在半沙漠中的塞外城市。植物园新增添了一个园区，听介绍是在北林刘晓明老师指导下完成的。虽然刚刚部分完工，但效果还是非常好。最后参观了连接城区的几条绿色走廊，实在是太精彩了，隔离带的植物已经成材，花草丰富，给人留下深刻的印象。不过听建委的同志介绍，到了夏天，园林局的所有水车都出动（大概有二十几辆），全天候浇水都供不应求。来之前就听不止一个人说过包头绿化好，这次来确实有同感。

回北京后不久，就接到包头市的邀请，去参加城市绿化的研讨会，到会的主要是规划方面的专家，大家集思广益，对包头今后的发展提出了很多好的建议。其实上次去完包头回来后，自己也一直在思考这个问题，确实成绩显著，除了绿色走廊外，其他点状的绿地虽然很精美，如果用高标准来衡量的话，似乎缺乏自身的特色。再用现在的说法看，就是应该遵循低能耗的规划设计，也就是过去一直提倡的"因地制宜"的升级版。但是在包头的小区中你可以看到绿荫成洲的小江南的景象，城市广场又好似较发达的沿海中小城市风格。要考虑到毕竟是北方城市，充其量也只能说是接近上述地区的水平，但绝对超不过这些城市，最具有包头特色的"绿色走廊"的植物养护也是一个大问题。走低能耗的设计，那就一定要"因地制宜"。也许这就是包括中国所有城市在内的发展方向。现在的课题不光要提回归自然，而更重要的是"与时俱进"，提倡低能耗的建设、低能耗的养护管理，符合真正意义上的"绿色革命"。也许这就是我们每位设计师从此应该遵循的设计准则——再创"因地制宜"。

# 六广河

六广河是离贵阳不远的一个旅游区，最早去贵州是2001年做遵义绿地系统规划时的事了，后来又做了贵阳的六广河旅游码头。最初来贵州之前总认为其是西部内陆城市，相对沿海城市也许要有点差距，但实际上完全超出我的想象。首先是食文化，贵阳人如此"好吃"还是第一次体验。

最先体验到的是酸汤鱼，前些年北京也流行过，但无论如何也比不上贵阳。当时是2002年，吃饭的地方离市内并不是太远，占地面积非常之大，中央是超大型的停车场，四周被二层的小竹楼包围。我们在东南角的一个不太显眼的小竹楼二层用餐，酸汤鱼并不太合本人口味，但服务生的服饰、用餐过程中户外中央场地的民族歌舞表演、小型自助烟火等活动实在是记忆犹新。苏州开发的金鸡湖餐饮一条街也只是前几年

的事了。而且贵阳喜欢食文化的程度也是一般城市不太可相比的，有时为了吃正宗的贵州辣子鸡，可以毫不犹豫地驱车2小时到山村去吃一顿饭。对饮食如此热衷，想必对工作也一样吧。甲方是贵州公路公司（现在也许应该叫集团），主要做高速公路工程。董事长很年轻，大概只有40岁左右，思路十分敏捷超前，从2002年开始就考虑到七八年后贵州省内的高速公路建设基本饱和的状况，提前开发第二产业，而贵州的旅游资源是他们锁定的目标。从贵阳市驱车大约一小时就能到达六广河。当时我们的设计是利用地形，做成台地状的码头，服务设施、客房休息等辅助设施尽量考虑与周边环境结合，为此设计成错台的形式。材料上用当地的料石做局部装饰，极简的落地窗玻璃，在布局上利用分散的设施自然错落地围合出一个个

中庭。第一次汇报安排在晚餐后，董事长一定坚持要喝贵州的茅台酒，理由是"不会醉"。平日白酒不太能喝的我，实在盛情难却，连着干了几杯。过去也喝过茅台，但该醉还是醉，也不知是那天状态好，还是有其他原因，早就超量的我，并没有任何不适，只觉得身体有些轻飘飘，思维似乎比平日快了许多，接下来的汇报居然十分流利、精彩，很顺利地通过了。难道至今为止喝的茅台都不是真的……？

因为很顺利地通过了方案，所以就马上进入了施工图阶段。并要求赶在旅游旺季之前竣工，我们只做了一次交底，接下来的施工过程并没有太多的信息反馈。只是说由于现场问题，将原方案的设施群左右转了180°（镜向）。也就是左右调换了一个位置。正常情况下，无论如何也赶不上旺季前竣工，后来传来准确信息是按时"完工"了，心想从对食文化的热衷，就知道工作也差不了。迫不及待又飞了一趟现场。第一眼看到的码头时都不敢相信！怎么全变成"竹楼"了呢？对方一再解释为了赶工期，所以全部采用了竹子，但整体完全按设计实施的。细细看后确实是按设计施工的，只是有些地方的悬挑和窗户做得比原设计小以外，基本上是按图纸"尺寸"施工的，如果早知道是这样的话还做什么结构施工图呢？没图不也都做出来了吗！弄得你哭笑不得。

董事长真是太能"干"了，而且也真敢想。后来把集团总部做成一幢幢独立式的别墅，董事长办公室及各个部门办公场所均是一幢独立建筑，部门之间沟通极不方便不说，每次去"另"一部门都要绕过中央游泳池。据说董事长将自己理想中的"生活梦想"融于日常工作中，试想有哪位员工能在四周都在紧张工作的环境中，穿着泳装游泳呢？几年后，在报纸上看到贵州交通厅出了经济问题，上下大换班，董事长也被牵扯进去。不过他确实"敢想敢干"。

有一个学生的MSN网名叫"有组织，无纪律"。与"有知识，没文化"一样虽然不太容易理解，但还是可以接受。在北京街头，看到越来越多的好车都是挂"白牌"。从小长在军人家庭，父亲离休后的干休所直到1990年代中期还用老式"伏尔加"，记得岳父第一次来京时，就派了"伏尔加"去接机，由于后座手动摇把手脱落被迫停在机场高速上，硬是用扳手摇上车窗的一幕还好像是"昨天"发生的事。"今天"看到的却都是TOYOTA Land Cruiser，Range Rover等顶级的越野车。偶尔也会有奥迪A8。想行个礼吗？自己太老也不够身高，只好给个"注目"礼。也许车子越好，就代表部队装备也越先进，国家就越安全，人民就越放心，如果上去问："现在的车为啥这么好？显然就是无组织无纪律了，就算是有组织，也是

无纪律。重庆打黑遇到阻力，但不打哪儿行！香港原来也是贪官遍地，行政公署让社会渐渐国泰民安。

现在经常可以听到：争夺"故里"，为发展经济；雷人口号，为一举成名；"低三下四"，为招商引资；谁出钱就叫"爹"已成为天经地义的"社会伦理"！本人也亲眼见到下面一幕真实的场景——某施工企业的女老板，聘请了一位原某市规划局的退休副局长。

女老板说："你现在可和以前不一样了，咱们在甲方面前可就是'孙子'呀！"

原副局长说道：我懂！我就姓"孙"……。

这一席话让所有在场的人目瞪口呆，第一次领会到什么叫"真正的无语"，什么叫"刻骨铭心"。难道这个社会已变成如此"现实"了吗？值得深深

反思。

在这种大环境下，业界也刮起了各种不同的潮流，其中对学科的名称及Landscape Architect的中译更是尘埃未定。日本也在此问题上一直争论不休，我们学校也曾经调整过几次专业名称，从最早的造园到现在的环境绿地，可以说都是紧跟时代的步伐。学会的杂志也从造园杂志演变到现在L.A.的英文音译片假名读法加研究二字的后缀，即："ランドスケープ研究"。但是始终坚持没有变的就是学会名称，过去是，现在也是，将来还有可能一直是——造园学会。

纵观古今中外，中国有辉煌的历史文化，又被誉为世界的"园林之母"，理应成为未来的世界之都。如今中国的"Gongfu（功夫）"，日本的"卡拉OK"已成为现代版的世界语，那么也许无需再争论L.A.是否该"姓"：风景园林、景观、园林、地景、造园、造景、还是其他什么，省去"一万句"，最好还是按照老祖宗的讲法，就叫它"Yuanlin（园林）"吧！！！

[引自：《当今社会的生活哲学》一文中的一部分，《风景园林》，2012，97（2）：156-157]

# 自然中的人工表现

笔者最初认识长谷川浩己先生是在1992年，那是参加"21世纪未来横滨港湾地区水岸公园"的设计竞赛。记得最清楚的是，为了赶在截止日期前交图，每天都在研究室加班。大概是在2月份的时候，竞赛结果出来了，很遗憾，我们的方案没有入围。因为是第一次在日本参加设计竞赛，所以想亲眼看看获奖作品，体验一下作品介绍及发奖仪式的气氛，就和同研究室的同学一起去了横滨会场。当时获一等奖的就是长谷川先生。

日本著名的景观建筑师长谷川浩己先生1958年11月25日出生，1981年毕业于千叶大学环境研究系，1985年获俄勒冈大学景观建筑学系景观建筑学硕士学位。先后供职于美国Carducci/Herman合作事务所，Hargreaves联合事务所，佐佐木环境设计事务所，现

为日本Studio on Site所长。1988年在"U.C.戴维斯（U.C·Davis）植物园总体规划"获荣誉奖；1992年"横滨港口公园"获一等奖；1994年"亚特兰大新美国城市公共空间"获荣誉奖；1995年"出云地区社区中心及广场"获一等奖；1996年"水俣纪念碑"获荣誉奖；1997年"Kahoku-町"获艺术工程荣誉奖。

## 1. 功能与景观创造的有机结合

最有突破性的设计手法是将功能性设施作品（例如：园路、座椅等）巧妙地做成具有景观效果，这些效果往往超出人们的想象，奇妙而惊喜。

## 2. 交叉线条的平面构图

长谷川先生作品的魅力所在是：设计中直线切割的线条频繁地出现在图中，而且多是以交叉线条的形式出现。于是就出现了三角形的尖角。通常人们习惯于弧线，因为它较为柔和，但是三

角形尖角的出现，却给人带来了强烈的刺激之感，引发人们的注意力，使作品在人们的心中留下深刻的印象。

### 3. 自然中的人工表现

用道路分隔起伏的地形手法使作品更具个性，而且在现代景观设计中被广泛地利用。首先这些不寻常的形式会自然而然地把来访者的视线吸引过来，同时又赋予人们丰富的想象力，而且给人们带来新鲜奇妙的感觉。

### 4. 简洁的景观塑造

塑造景观简洁，画面明快，空间通透。除自然起伏的地形外，大面积的草坪、几棵孤植树构成作品中画面的主景，形成了长谷川先生作品中的主要风格和特点。

长谷川先生认为景观设计师的课题是把庭园作为现在可以解读的"庭"，创造出我们现时代的庭园，出于这个原因，他把自己的事务所取名为Studio on Site。他在创作过程中，利用自己的理念充分表现风景的变化过程，并通过这一努力使庭园整体向一个新的方面去发展。这种过程并不是要创造一个新的情景，而是表现每时每刻都存在于我们身边的风景变化过程，或者说是一种动态的过程，可以说它的最终形态永远不存在。所谓再现自然不正是这样一个过程吗！但是，这种设计理念不仅仅只局限于庭园。而对所有与其有关的事物均适用，风景就像溅起水波的投

石，每项作品的创造，其根源都追溯到庭园。无论怎样，对于我们来说，看到的场地就是万事的开头。我们的工作始于场地，终于场地，正因为是这样认为的，所以事务所的名称就起作"Studio on Site"。每当开始构思设计时，我们总在想："事务所如果设在这里该多好呀！"在这块土地上体验朝夕、四季的变化，感受空气的芳香，开始自己的设计，那将是多么幸福的一件事。竣工后，"希望继续生活在这块土地上"，就是我们的理想。"Studio in Site"并不是在这片土地上创造什么新的景象，而是这个场所和空间从过去开始是一直固有的，而现在渐失的"源"，通过"Studio on Site"把现在与过去联系在一起。唤起"土地的记忆"，再现这片土地的生息，人与大地的结合是我们的目标。

主要作品有：取名文化馆景观设计；香川Ayntaki乡村俱乐部；大野健康交流公园；Cozmix大楼展示室装备；出云站前广场；Hiroike学院校园景观设计；群马新美术馆Tataranuma花园等。

（引自：《日本景观设计师三谷徹/长谷川浩己作品集》书中的一部分）

# 是创造一个环境，还是培育一个环境

从上大学开始经常听到的一个词是要有创造力。为此也费尽了心血，一直到现在也在追求一种创造力。看到学生方案没特色的话首先想到的是缺少创造力，无论是教学、研究、规划设计均在体现一种"创造力"。但在一次学校老师聚会中，有位老师讲的一句话让我记忆犹新。在日本一直是男人的社会，但最近女性晚婚晚育或婚后还继续工作的现象不断增加。园林界也出现几位活跃的女性，由于她们的出现，业界也发生了一些微妙的变化，原本一直提倡的"创造城市环境"（街づくり），从女性的口中说出来就变成了"培育城市环境"（街育ち）。就我看来后者对我现在所从事的工作的理解和表达更为准确，中国园林中最具代表性的表现是"虽由人作，宛自天开"。我们原来不是也不应该是"创造一个环境"，而是要会发

觉大自然的一草一木都能教育你，忠告你，并启示你发现这样一种现象，就像母亲教自己孩子说话、走路、奔跑一样，热爱这个环境，培育这个环境，让其充满无限的爱。

从这一点来看IFPRA现任主席田代（TASHIRO）先生所谈到的应该就是培育或者说养育一个环境。那么中国怎样呢？很明显这种大飞跃的时代应该是在创造（改变）一个环境，也许这是特殊阶段的一个特殊状态，就像日本到目前为止还是在用"创造城市环境"一样，而提倡"培育城市环境"也仅仅是一个开始。不过无论是早是晚，对于人类生活的环境来说，培育环境比创造环境更贴切。在反思我们所做的规划设计项目的同时，应该重新认识我们所从事专业的真正含义！当时我在日本千叶大学园艺学部绿地环境学科设计学讲座任教，

每当看到学生们认真、勤奋、刻苦的学习姿态，心里总有些说不出的感觉，因为等待着他们的是非常残酷的现实，将来真正能成为设计师的只占不到20％，而成为著名的设计师大概10年出1～2名就非常好了。与此相反，植物养护管理的专业人员的需求量不断增加，为此学习植物专业的学生数量在呈增长趋势，而中国的现状几乎恰恰相反，2006年9月在北京林业大学召开的全国教育大会（园林专业）上，参加会议报到的大学已达到104所，大大超过了美国的60几所、日本的38所及韩国的27所，跃居世界第一（单从数量上讲）。想想我们20多年前同届毕业的植物专业的同学中，有一部分已有在从事规划设计，而且其中也出现了名声不凡的有志设计大师。

无论是节约型社会、节约型园林、和谐社会、和谐环境，人类最终提倡的还是一个人与自然共生的理念，而人类也意识到这个问题，并努力去改变这一不利的局面。IFLA 2006年第43届世界大学生竞赛的题目为：被破坏的景观：处在危险边缘的空气、水、土地（Damaged Landscape: Air, Water and Land in Crisis）及2006年第20届日本建筑环境设计竞赛的题目为：温暖化地球的诺亚方舟。从中不难看出，建筑、规划、风景园林专业都将目标集中在人与自然共生的大环境中，细想想从人类历史发展的过程来看，真正产生或者说出现问题最多也就是近百年之内。应该说是社会经济的迅猛发展打破了原有相对稳定的人与自然共生和谐的环境，责任应该是人类，人类应该去改变自己的思维行动。这又让我想起去年（2005年）参与主持的新疆天山野生动物保护地的规划，我们已经尽可能地为动物提供一个最适合生息的环境，当然比城市动物园要更适合，但距离野生动物真正生息的"乐园"似乎还有很大一段距离，这些动物虽说比城市动物园中的动物要自由很多，但还是有一定的限定。如果站在人与自然（包括动植物、微生物等等）共同的理念来讲，人类需要做的事情还很多，特别是为人类以外的自然共生的一切生物做些什么呢？人类不应该仅仅是为人类作贡献，还应该为这一"共生"的大环境作贡献，就像孩子需要父母的爱，人类需要充满爱，"共生环境"更需要互相的爱，这就是本人想说的"环境"应该是像母亲养育自己的孩子一样，更准确地说是"培育一个环境"。

［引自：《从和谐社会、和谐环境所想到的——是创造一个环境，还是培育一个环境》一文中的一部分，《中国园林》，2017，23（1）］

# 2

吾人小作

## 常态中的刻意

——新疆巴州和硕政府广场

项目名称：新疆巴州和硕政府广场
项目所在地：新疆巴州和硕
委托单位：新疆和硕建设局
设计单位：R-land 北京源树景观规划设计事务所
方案设计：章俊华　张筱婷
扩初+施工设计：章俊华　白祖华　胡海波　张筱婷　范雷　于沣　汤进　钱诚
　　　　　　　电气+水专业：杨春明　徐飞飞
设计协助：沈俊刚（新疆博州建设局）
施工单位：土建施工　新疆福星建设（集团）有限公司和硕分公司
　　　　　种植施工　巴州大自然园林绿化工程有限责任公司
设计时间：2013年9～12月
竣工时间：2014年5月

图2-1-1 常态中的刻意

场地北临花园东路，西临石材大道，东侧与南侧分别与和硕滨河公园相邻。呈近似长方形，北端稍高于南侧，为平坦宽阔的荒滩地。政府办公楼位于场地北侧1／4处，坐北朝南，其后（北侧）附设了两座办公附属建筑。如何在既保持庄严气氛，又满足办公集散功能需求的同时，塑造场所固有的空间特质是本项目成败的关键所在。

与常规的行政广场相同，本项目设置了一条南北向的中轴，其间用中央广场及9组种植池构筑轴线的秩序，并将中央广场与建筑入口空间分开，加设了一条东西向的副轴，以求观景空间与交通功能空间的完全分离。其次，在中轴线两侧共设置了4条南北向的步行通道，并分别在其左右两侧交叉种植当地生长状况极佳的小白杨树群，在保持南北向通透、东西向封闭的同时，强化了中轴线

的导向，形成广场鲜明的空间特征。而两条错位的斜线路，又起到丰富空间格局的作用。最后，车行线延续了建筑入口的弧形曲线，并以副轴为中心两侧分别对称设置4条半圆弧形入径，在保证东西向通畅的动线功能的前提条件下，缓解过于规整、略显僵硬的广场空间。

23m×30m的中央广场水盘，影映荒料石块的自然堆叠，承载着多重空间的功能；镶嵌了厚20mm边条的5m×5m正方形种植池，自然凹凸纹理的显像表现，刻意中透出随意；中轴两侧各宽8.7m的树阵，隆起的梯形台地，界定着中轴线空间的领域，强化礼仪感的秩序，交错排序的小白杨树群，规整与自然散植相间，有序中的无序；中轴两侧高60cm的台地与自然散植林下的河滩石（直径500~1400mm），场地中的细微高差变化，颠覆了平坦空间的印象；悬

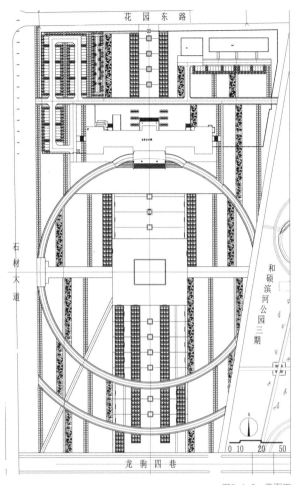

图2-1-2 平面图

铃木与小白杨的乔木种植，反衬四季分明的地域特征，拉近了日常生活的距离；高低、疏密、错落有致的地被旱生花卉，限定中的自由表白。直线条的路、种植、铺装纹理，曲线条的车行线，高耸的密植小白杨，明确的种植池边缘，条带状的旱生地被种植带，自然散植的乔木与地被……每个异质要素的出现均被清晰地界定，同时这些被用来表述的材料，又恰恰是当地最常见、最廉价、最平常的"东西"。以此来传达我们对本项目的一种态度，并希望能成为容易被理解的设计语言——常态中的"刻意"（图2-1-1、图2-1-2）。

项目访谈

对讲人：中国建筑工业出版社（以下简称建工）、章俊华（以下简称章）、于沣（以下简称于）、范雷（以下简称范）、张筱婷（以下简称张）

建工：从平面图上看，既规整又不完全的对称构图是如何产生的，感觉没有按常规"出牌"，可以这样认为吗？

章：因为当时精力主要在滨河公园项目三期，这个项目的方案并没有花特别长的时间，现在看来反而感觉设计做得更大胆，更简捷，也许有时做方案需要放松，用力过猛也会适得其反。

建工：对政府前广场设计的场地肌理是如何理解的？

范：这个项目我本身参与得并不是很

多，但是通过跟章老师合作多年一看就是章老师的设计手法，为什么这么说呢，因为章老师的设计条理性很强，每根线条和设计元素都是能找到设计渊源，政府前广场设计最打动我的就是章老师的平面构图，现代感极强，以中心镜面水池为中心形成层层涟漪的圆形道路。以中轴景观区为中心分布着9组条形种植池，纵向引导感很强，配以干净的草坪，园区现代感、肌理感十足（图2-1-3、图2-2-4）。

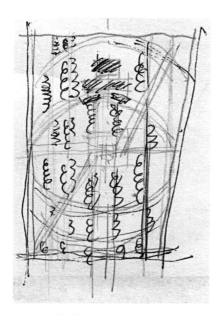

图2-1-3 构想草图

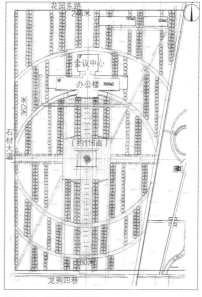

图2-1-4 平面草图手稿

建工：据说在新疆，城市绿化不把杨树作为主干树种，而这次的项目，又基本上采用的杨树，特别是在政府广场最核心的位置，其间一定碰到了很多周折吧！为什么要用杨树，最后又是如何坚持到落地，能否请您介绍一下？

章：杨树是新疆最有特点的树，品种很多，新疆乡土风情均离不开杨树，当地的领导一般不太希望用杨树，觉得杨树太普通，希望用些高档树种。因为与甲方合作多年，所以最初给大领导汇报方案时没有详细介绍种植，但是在考虑实施过程中，种植是一个绕不开的课题，汇报时试探性反问："其他项目的领导对杨树都不是特别满意，这次我想在政府广场采用杨树，您看如何？"也许是得到了大领导的支持，项目进展的顺利程度超出了我们的想象。

建工：从方案到施工图再到效果的呈现，一切都很顺利吗？

张：当然不会一帆风顺，我们现在看到的效果，是经过很多次章老师到现场和甲方、施工单位的磨合而呈现的。举个例子，我们看到的效果很棒的列植杨树，在一开始，甲方也是有所犹豫的，杨树能代表新疆，却也是新疆人看惯了也看腻了的苗木品种。可杨树在章老师的设计中好像得到了新的诠释，他们一排排穿插在纵向园路及广场中，不仅强化了空间特征，而且每每阳光透过小白杨洒在绿地上，那笔直挺拔的树影，仿佛给白杨树赋予了新的灵魂（图2-1-5~图2-1-8）。

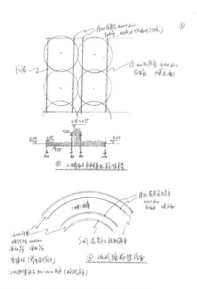

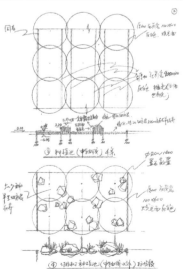

图2-1-5　种植池详图手稿及施工过程

图2-1-6　现场照片

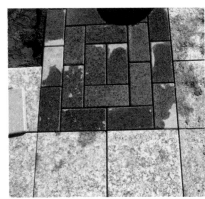

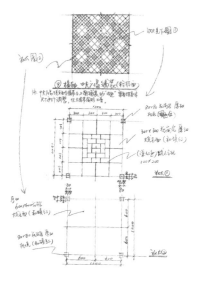

图2-1-7　铺装详图手稿及施工过程

建工：中轴线的设计很明显，靠近政府大楼的部分有大面积的铺装，应该是供集散用的中央广场，远离大楼的下一段应该是中轴线的延续吧！

章：对，当时设计靠近政府大楼的水池也是中轴线的延续，但是政府提出有集散活动的要求，为此把中轴线两边设计

为树列形式。原本我们做了横向广场，这么一来又产生了纵向广场，加起来就变成很大的广场，感觉气派多了，调整后效果更理想。不过交付使用后广场变成停车场，又失控了（苦笑）（图2-1-9~图2-1-12）。

图2-1-9　广场鸟瞰

图2-1-10　广场中轴

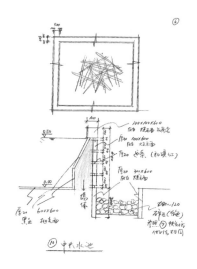

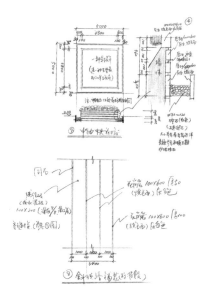

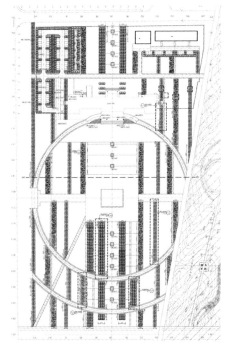

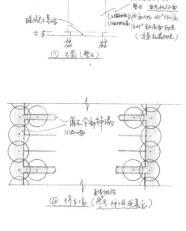

图2-1-11 调整后平面图          图2-1-12 详图手稿

建工：广场中央一般都会设置一处有一定高度的标志性构筑物，作为视线的焦点，也可以作为对景来处理，而本项目却很意外地采用了一个15m×20m左右的静水面，有什么意图吗？

章：原本设计中此处是一个较高的构筑物，场地之前是一个石材加工厂，搬迁后留下很多废石料，我们希望把这些废材利用起来，保留一些原场地的记忆，但是由于每一块石头都不一样，对制图造成了很大难度，只能现场堆放，缺少石匠的现场想必结果一定是惨不忍睹，决定还是拆除，最后采用了静水面的替代，虽不是初衷但也还说得过去（图2-1-13~图2-1-16）。

图2-1-13　方案

图2-1-14　中央方形水池，虚实演绎的交融

图2-1-15 原石料厂废料的利用

图2-1-16 水池侧壁施工过程

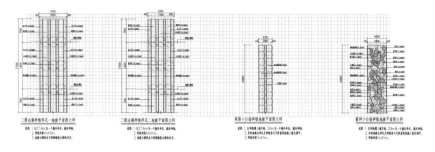

图2-1-17　种植槽设计详图

建工：中轴两侧分别种植了3排裂叶榆，而且又把地形抬高，是想营造庄严的空间感吗？

章：此项目设计难点在于：广场一般要求比较平坦，但是这个广场过于平坦，光靠植物设计，空间上会有局限性，所以我们在地形上稍微做些小的变化，70~80cm的高差，但是就是这一点小高差，可以使做出的场地空间感完全不同。与建筑很具象的空间不同，景观运用地形或地面的高差做出空间的领域感，用微小的变化，不痛不痒和空间上

的暧昧也是景观设计独特的处理手法。

建工：3排裂叶榆又被分成7条不同宽窄的地被种植带，其中野花组合的花带，据说可以从每年的6月份一直开到九十月份。

章：我们做其他项目也用了花径，当地的施工队找了一些野花组合的种子，最后做出的效果非常好。为此就在这个项目里继续延用，但是后来发现野花组合会出现退化等问题。持久效果不是很理想。之后的项目就没有再采用了（图2-1-17~图2-1-20）！

图2-1-18　野花组合的种植

图2-1-19 施工过程

图2-1-20　种植槽内的野花组合

图2-1-21 规则式种植的杨树

建工：我们注意到，杨树带的种植也有
两种不同的形式，规则和不规则的，这
种设计手法是想反映什么主题吗？

章：做方案时，没多考虑，但做完感觉

太单一，所以同样是杨树，种植形式上
做了些小变化，主要是规则和不规则两
种形式的变化（图2-1-21~图2-1-24）。

图2-1-22 加长的整石座椅，功能与线性的组合

图2-1-23 施工过程

建工：从图片上看，场地的尺度还是挺大的，但是设计手法并不太复杂，几乎省略了所有的常规性做法，这方面您是如何思考的呢？

章：其实当时是做了一个初步的方案，想先跟甲方进行一轮沟通，可能是甲方对我们过于信任，第一次汇报完就直接通过，顺利到没来得及深层次推敲，结果是最终体现出来的效果反而更大胆、更纯净。有点"歪打正着"之感。

建工：这个项目除中轴两侧对称种植之外，均是呈现错位的布局形式，但又给人一种似曾相识之感，这方面是刻意的吗？

章：对，当初画方案时考虑到政府广场要求中规中矩，我们又不想让他完全对称，在对称中寻求变化，虽然变化，但是互相之间又都是有关联的，在同一种模式上做变化，也就是说无论如何变化，都存在着共同的单元体，遵循现代景观（modern landscape）的法则（图2-1-25~图2-1-28）。

图2-1-25 未完工的冬季广场

图2-1-26　施工现场

图2-1-27　种植主导场地的导向

图2-1-28　错位变化的种植带

图2-1-29　行列与线形地被种植，营造空间整体氛围

建工：从上面的介绍中可以感觉到您的这次设计好像在有意地去尝试着某种空间的表现形式，可以这么说吗？

章：是这样，其实在做完之后感觉还是存在一些问题。因为之前方案通过得过于顺利，深化程度不够，导致细节做得不是很充分。但是通过这个项目，对设计又产生了新的认识，稍后会说到。

建工：请问张工参与这个项目有什么特别的故事吗要和我们分享吗？

张：说起这个项目，过程中还是有很多印象深刻的事。章老师的项目我也接触过三四个，可是当拿到章老师政府广场的平面方案手稿时，还是让我有些吃惊，方案中只有几条纵向线条，和一个接近整圆的弧线，还真让我有些摸不着头脑。难道功能和空间都藏在这些线条中？

建工：噢？那后来你的疑问得到答案了吗？

张：嗯，是的，这些看似规则的纵向线条，实际是通过不同的景观元素构成的，他们或是园路，或是种植池，或是隆起的地形，或是列植的白杨。单一的平面转变成立面时，空间与功能呼之欲出，让人出乎意料（图2-1-29~图2-1-31）。

图2-1-30　河滩石与树桩的组合

图2-1-31 场地领域感的创出

建工：您认为还有机会再做这种尝试吗？如果有的话，您还会做得更"纯"吗？

章：当然了，每位设计师如果有机会的话肯定会再次迎接挑战，项目不同甲方要求也不同，有的甲方要求很烦琐，经过很多轮的汇报，到最后很多设计想法都被调成面目全非。在项目进行过程中，如何在保持设计师的设计风格或者说作品原创的同时，又能让甲方接受是非常重要的。但这个项目过于顺利以至于有点措手不及，因此同时也对设计的理解产生了翻天覆地的变化。

建工：看来张工您从设计中体会到更深一层的意义，那您在今后的设计中，会尝试章老师这些设计手法吗？

张：说实话，我们在画方案的时候，会去模仿章老师这种极简线条去做平面构图，但惭愧的是，在下一步深化内容中，做不出更多丰富且有道理的空间设计。所以，好的设计一定是经得起时间和空间检验的。设计路上，没有捷径。真要模仿，恐怕也是要模仿章老师待项目认真负责的态度（图2-1-32~图2-1-34）！

图2-1-32  种植的空间界定

图2-1-33　通透平坦的空间，构筑场地的特质

图2-1-34 施工现场

建工：请问对此作品有遗憾吗？

章：每个项目都有遗憾，本项目也不例外。非规则种植部分树是非规则的，但树下做不规则的河滩石，原本希望河滩石里面的一些植物能长起来，没想到植物长起来后太过茂盛把河滩石全部盖住。所以石头和种植隐隐约约的变化如何控制是有一定难度的。也许这种假设本身就不存在，植物是一种又爱又恨的材料（笑）。

建工：章老师最后能谈谈有什么意外的收获吗？

章：有两点。首先是场地领域感的发现，其次是植物的有形化设计（图2-1-35、图2-1-36）。

图2-1-35　不同表情的种植

图2-1-36　深秋时节的落叶缓解略显刻意的构图

建工：能告诉我们本作品的最大特点吗？通过它能看到什么动向或者说您自身设计的风格改变吗？

章：个人感觉正常的设计是从问题提出开始入手或者从甲方要求开始入手，这个项目甲方没有要求，也没什么问题，完全是做成了最初设想的空间，跟其他项目不太相同。这个项目对我来说改变很大，之前的设计会有很多固有的想法，哪些能做，哪些不用做，条条框框很多，但这个项目，一开始只想先做一个方案碰一碰，很多常规的东西都没有去考虑。一般情况下，专业出身的设计师都知道设计中哪些东西不能去做，哪些东西必须做。这些规矩并没有错，但却往往成为创作思维的阻碍，无意中落入"俗套"，所以说很多外专业跨行的

设计师做的景观作品反而很有特点。

建工：那您觉得政府广场的设计，给他的体验者带来了哪些新的感受？

张：这是必然，我们常常看到的各地的政府广场，千篇一律。无非是气派的大广场，豪气的主题雕塑，和价格不菲的材料与苗木。但你会觉得他缺少了人民政府与人民的连接。而和硕的政府广场坐落在风景宜人的滨河公园旁，广场上的条石座椅，空间序列，都是张开双臂欢迎人民参与其中的景观设计，纵向的大地肌理，从政府大楼延伸到广场再到公园，人们的视线透过一排排笔直的小白杨，直抵大楼。无形之中，拉近了政府与人民的距离（图2-1-37）。

图2-1-37　深秋时节的夕阳西下

## 无形中的有形

——秦皇岛阿那亚三期景观设计

项目名称：无形中的有形——秦皇岛阿那亚三期景观设计
项目位置：河北省秦皇岛市昌黎县黄金海岸中区
项目面积：6.5hm²
委托单位：北京天行九州旅游置业开发有限公司
设计单位：R-land 北京源树景观规划设计事务所
方案设计：章俊华　杨珂
扩初+施工设计：章俊华　白祖华　胡海波　杨珂　程涛　陈一心
　　　　　　　　邸杰　陈佳运　马莹
专项设计：马爱武（结构）　陈燕娜（电气）　徐飞飞（给排水）
施工单位：北京碧海怡景园林绿化有限公司、重庆金点园林有限公司、
　　　　　　中体国际体育设施（北京）有限公司
设计时间：2015年4月～2016年12月
竣工时间：2017年8月

图2-2-1 交错的公共空间，停留与通过并存

如同2007年龙湖地产奇迹般的创造了北京"龙湖滟澜山"一样,2016年北京天行九州旅游置业开发有限公司在秦皇岛向业界打造了一个现代版的乌托邦社区阿那亚。从2014年第一次接触此项目至今,看到她从无到有的全过程,应该说是当下时代的最经典的产物之一,几乎不可复制。我们称之为"aranya"现象。单从景观设计一方面无法诠释阿那亚,这里尽可能将涉及的点点滴滴展示给每位读者。

真正意义上的阿那亚准确说应是从三期开始。建筑规划确定了她的风格是"希腊渔村"的情景,马寅与刘昕两位老总都非常明确地强调这是他们接手"阿那亚"后第一个推出的产品,景观是成败的关键,要求完全"脱地产"。首先对为何最终选定"希腊渔村"这一概念不做过多评述,就建筑本身而言比较容易真实地传达这种所期待的氛围,但是落到景观上就变成很难去把握和控制。首先"希腊渔村"的植被和景观中唱主角的人物是完全不可复制的,再加上斑驳的白墙,海蓝色的门窗及略显老旧但又十分厚重的石料很可能成为最终失控的元素之一。为了降低设计实现的难度系数,采用3cm厚的两侧各收1cm的机切面压顶,将公共区出现的所有花坛、水池都做了收边,规避了水刷石表面装饰易损这一美中不足,还让其显得轻巧和与众不同;其次又将椭圆形树池

座椅做成亚光与釉光面穿插的马赛克碎拼面材进行处理,表现自由、阳光、个性但又不失完整的整体风格;最后场地的铺装材料选用火山岩取代了花岗岩或板岩碎拼,并采用宽窄不一、长短各异的组拼手法,减少了施工难度,也保证了同种材料的差异性。这里并没有过多地强调每一个节点的创意,也没有迎合当今的传统流行做法,不同的只是在每一个细部处理上力求日后不失当初的氛围营造。设计上不求标新立异,只期待如何低耗能的持久,并无时无刻地呈现高尚谦逊的奢华。如果能做到这一点那就是本项目的成功。

与大区不同的是这里设置了一处不规整细长的南北向的横轴,以作为现实"乌托邦"社区的户外平台。用乔木组合成不同角度、不同大小,半开半合的交流式院落空间,所有的场所单元均没有一个明确的界限范围,都显现若有若无、若隐若现的空间形态,为居民提供了更多的选择可能性。铺装刻意采用了200mm×200mm黑白灰3色无规律的渐变形式,强化空间尺度的同时,突出大海的奔放、阳光、热烈,地被花卉均规整地种植在圆形的树池之中,利用微地形起伏缓解过于平坦的铺装场地,又利用抬高两级台阶,界定了"静"与"动"两种不同功能需求的场所空间,更使得原本暧昧的空间不失明快、单纯、简洁的功能布局。

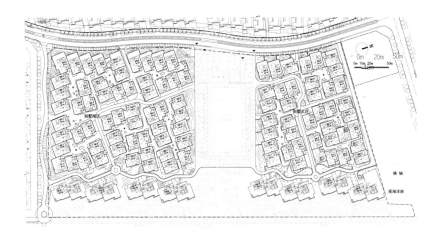

图2-2-2 总平面图

这里，设计思考的不是如何去创造一个全新的视觉享受空间，也不过于彰显每个细部的处理手法，更不希望突出某个局部的所谓"主景"的营造。设计上所做的努力，仅仅是提供了一个不容易随时间变化而渐渐失去原设计形式和尺度的空间场所，这就要求从设计的一开始就严格界定每种元素的明确范围，包括植被，让这些希望达到的氛围空间可以被感受到、被看得到——无形中的有形（图2-2-1、图2-2-2）。

梦想住在海边，
坐在雪白的屋顶上。

望着，
那蓝蓝的海，
那蓝蓝的天。

海风吹起我的头发，
呈现出一张如阳光般健康的脸，
如天空般明净的眼眸，
微笑着，望着那远方的帆。

图2-2-3 "无"的空间1

项目访谈

对谈人：建筑工业出版社（以下简称建工）、章俊华（以下简称章）、于沣（以下简称于）、程涛（以下简称程）、陈佳运（以下简称陈）

建工：您认为本项目最重要的核心是什么？又是如何去实现的呢？

章：一开始，甲方要求"脱地产"，但实际它的空间和布局很难跟常规地产项目有太多区别。所以我们最后设计核心定在"如何让空间更具有持久性"上，因为很多项目的景观在做完三五年后，整个空间都会走样失控。但是这个项目的设计核心是几年后它的空间尺度基本保持不变。还有一点就是日后养护管理的低投入。随着时间的推移特点会渐渐显现出来。日后甲方会察觉这个项目比其他地块的养护管理成本低很多（笑）。此外，用构筑物来支撑场地空间被一般大多数人所喜爱，这样会比较直观、明了。但是它往往会成为5年或者10年后场地的"垃圾"，维护成本又高，这些年甲方也渐渐明白了。为此，本项目避免了依靠构筑物来造景，让建筑以外的空间更加放松（图2-2-3、图2-2-4）。

图2-2-4 "无"的空间2

建工：阿那亚是近年来比较网红的项目，当初您做这个项目的时候有什么样的感受？

章：我们接手阿那亚的时候还没有"网红"，（笑）"孤独图书馆"出来以后，才在国内逐渐有了影响力。宣传也给力，又出现在一个特殊的时间节点，如同之前的龙湖滟澜山项目，当时龙湖在北京除了"滟澜山"以外，同时还做了一些其他的同类产品，都没有"红"起来，只有龙湖滟澜山"红"了。阿那亚也一样，时代的产物没有可比性，也不可复制。

建工：从图上看，与常规的别墅项目的布局没有什么区别，请问您在设计的时候又是如何着手的呢？

章：我们拿到阿那亚的图时，看到里面的东西基本都是定型的，再调整也有一定难度，特别是别墅区的公共区部分，规划留出的景观空间不大，唯一能发挥的，就只有一条南北走向的横轴，那里通了一条机动车道路，除此之外，能够调整的地方不是很大（图2-2-5、图2-2-6）。

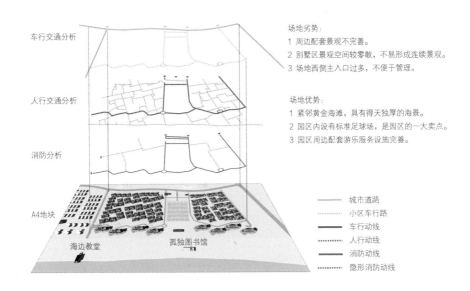

车行交通分析

人行交通分析

消防分析

A4地块

海边教堂　　孤独图书馆

场地劣势：
1 周边配套景观不完善。
2 别墅区景观空间较零散，不易形成连续景观。
3 场地西侧主入口过多，不便于管理。

场地优势：
1 紧邻黄金海滩，具有得天独厚的海景。
2 园区内设有标准足球场，是园区的一大卖点。
3 园区周边配套游乐服务设施完善。

———— 城市道路
·········· 小区车行路
———— 车行动线
———— 人行动线
———— 消防动线
———— 隐形消防动线

图2-2-5　场地分析

图2 2-6 施工现场

建工：实际上三期包括四大区：别墅公共区、横轴景观区、足球场区、海边慢跑道区，先让我们谈谈别墅公共区部分吧。据说甲方有很明确的产品定位。

章：对，当时我们拿到图时甲方定位为"希腊渔村"。我不知道建筑规划阶段是如何用这个词打动甲方（笑），但它的建筑形式确实是希腊渔村那种很素朴的形式，只因为利用人群的不同，亚洲人跟希腊渔村氛围完全不同，难免感觉有些牵强。

建工：在空间并不是很大的情况下，实际感觉并不狭窄，是怎么做到的？

章：这个项目户外空间不大，一般项目我们是在空的地方做绿地，其间穿插园路铺路，做广场。这个项目恰恰相反，开始把空地全部铺上，然后在里面点绿。这样人进去后感觉并不狭窄（图2-2-7~图2-2-9）。

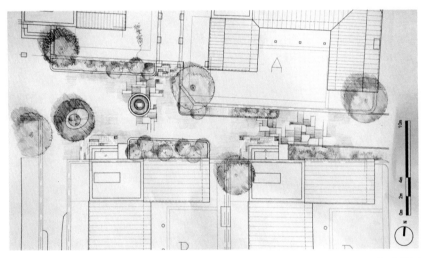

图2-2-7　示范区平面图

图2-2-8　施工现场

图2-2-9　宁静的公共空间

建工：我们注意到花池、水池上面均有一块板做收边，与常规做法不同的是往里各收了2cm，这种细部处理有什么特别的含义吗？

章：阿那亚三期定位"希腊渔村"，整个建筑外墙使用涂料装饰，涂料做完给人很厚重朴实的感觉，同时，我们也比较担心材料的持久性，竣工当初效果还好，但时间长了，会变得很粗糙、很简陋的感觉，脏了以后就会显得特别不上档次。为了避免这种现象出现，我们在所有未经过处理的外涂料构件顶面均压一片2cm厚的花岗岩板材，即使日后侧面损害或老旧，顶面永远保持轻盈的体感（图2-2-10~图2-2-13）。

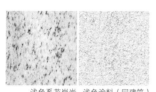

浅色系花岗岩　浅色涂料（同建筑）

种植池

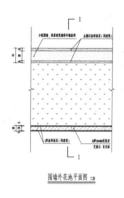

围墙外花池平面图 1:30

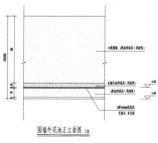

围墙外花池正立面图 1:30

1-1剖面图 1:20

大样详图 1:5

图2-2-10　效果图及施工图

图2-2-11　施工现场

图2-2-12 （右、下）花池中的地被，无形中的有形

图2-2-13　内收花岗岩压顶

图2-2-14 饰而不过的水景

建工：宅间的水景，并没有采用印象中传统景观水景常用的尺寸规整的材料，而是采用了碎拼瓷片马赛克，这种材料在两块相邻板材衔接处以及水池圆角处有什么特殊处理方法吗？

陈：采用碎拼马赛克确实是一次比较大胆的尝试，两块相邻板材衔接的地方，需要将瓷片从背网上撕下，重新根据周边碎拼纹路粘接组合，圆角处也需同样的处理方法，纹路的重新组合对审美有较高的要求，因此在上述区域施工时，在一些重要的节点施工时，我们一直在现场进行指导，有时候甚至自己亲自上阵，最终达到了比较理想的效果（图2-2-14、图2-2-15）。（建工：想要达到理想的效果真不容易。）

图2-2-15 施工现场

建工：种植带的勾边用的是弧形倒角道牙，铺装采用了火山岩，在这方面有什么考量吗？

章：种植带设计需要收边，收边形式有很多种，这里的收边稍微有点奢侈，做成了弧形，因为这个地方铺装量很大，整体感觉比较硬，所以我希望"绿"尽量增多，"绿"边界尽量"柔软"下来，所以收边用的是弧形道牙，如果不做会对空间感有很大的影响。火山岩这种材料之前也碰过很多次，最早看的材料是希腊渔村老街碎石乱拼，感觉不错，但是国内板岩拼不好，施工质量不好的话，脱落破碎是家常便饭，会产生很简

陋的感觉。在设计发挥余地不大的情况下，只希望设计保险系数要最高，哪怕施工质量不到位，也不会影响大局。所以采用比较安全的手法就是用火山岩代替碎拼的板岩，这样在效果各方面都会有保证。现在有点遗憾的是火山岩规整铺装的部分规格差异过小，大小变化不太理想，这也算是一个失误吧。这种细小的漏判，真有些防不胜防之感（苦笑），确实是设计师不成熟的表现。（建工：可能也是偶然因素，因为它两边距离这么近）不是偶然，它是必然。真可谓：少年不努力，老大徒悲伤（图2-2-16~图2-2-19）。

圣托里尼街道铺装

乱型 网贴 黑板岩

图2-2-16 铺装意向图

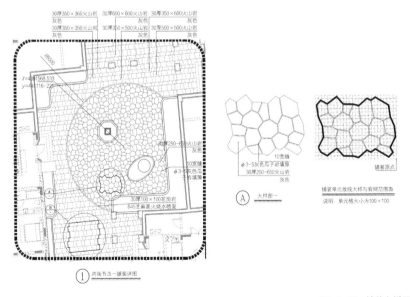

30厚350×360火山岩
灰色
30厚600×600火山岩
灰色
30厚350×600火山岩
灰色
30厚350×350火山岩
灰色
30厚350×500火山岩
灰色
30厚500×500火山岩
灰色

R500

x=484568.533
y=461116-221

30坪250-650火山岩
灰色

10宽缝
φ 3-5灰色瓜子岩
灰色填缝

30厚100×100花岗岩
645麻黑火烧水喷面

① 内街节点—铺装详图

10宽缝
φ 3-5灰色瓜子岩填缝
30厚250-650火山岩

Ⓐ 大样图一

铺装单元放线大样与背网范围图
说明:单元格大小为100×100

铺装原点

图2-2-17 铺装大样图

图2-2-19　界定明确的种植

建工：请问程工在铺装材料上有什么需要补充说明的吗？

程：首先考虑到别墅整体色调为白色，所以铺装的色调更适合采用深色，而常用的铺装材料，如花岗岩、烧结砖等均是人工痕迹特别严重，与社区的自然特性格格不入，在追求自然这一点上，我们与业主是完全一致的，所以希望寻求一种能够体现自然的硬质铺装材料。火山岩这种材料在南方的度假酒店等产品中已有一些应用，它的面层上有一些大大小小的孔洞，作为铺装材料的话会觉得很有透气性，不像花岗岩那样封闭死板，正是我们想要的自然特性。其实火山岩也有密度大小之分，面层的孔洞也有大小之分，我们在材料封样时还特意选择了孔洞比较大的材料，因为这样看起来会更加自然。可以看到，园区内大面积道路铺装采用的是各种规格却又规整的四方形火山岩密缝铺装，整体感觉非常平整，各种规格的火山岩错落拼铺非常具有设计感。在院落空间放大的广场区域，我们采用花岗岩小料石圈出一个圆形的区域，内部的铺装变换了一种形式，即采用碎拼的形式，共19种规格的不规则火山岩，在工厂提前加工成标准块编号，现场直接拼铺出一片整体性非常好的碎拼广场，既节省了工时，也得到了最好的效果（图2-2-20、图2-2-21）。

图2-2-20　施工现场

图2-2-21　成品碎拼铺装

建工：座椅用釉面瓷片做外饰面感觉很特别，有其他替代材料吗？

章：当时我们一直在考虑这个椭圆形座椅应该怎么去做，国外做得比较多的是用素混凝土，做完以后再做外装饰，线条清晰，效果很好，其他材料也有，比如树脂等等。这个部分我们其实一直在纠结，最后还是选择了相对理性且保险系数大的材料（图2-2-22、图2-2-23）。

建工：由于项目紧邻海边，在施工过程中遇到了哪些困难吗？或者遇到了哪些以往施工过程中没有遇到过的新情况吗？

陈：设计图纸交付的时候，我们对施工的过程其实是十分期待的，同时也做好了面对困难的准备。但是当甲方告知我们施工单位有三家的时候，我们还是吃了一惊，因为同时协调监督三家施工单位按照图纸要求完成施工，是个不小的挑战。这里面包括了对景观小品和铺装材料选择的一致性、对一些特殊材料做法的一致性、苗木规格选材的一致性等等。重要的事情说三遍之后，还要分三次去监督落实情况，确实很累。除此之外，我们遇到的比较大的挑战，就是海边的自然环境对苗木选择的限制。在海边做植物设计，这是我们之前没有遇到过的新情况，阿那亚项目海边的环境土壤干燥盐碱度高、夏天空气湿度大、冬天气候寒冷干燥。我们从书本上似乎可以找到一些满足这些条件的植物，但是这些植物到底能不能真正在这个项目比较复杂的自然环境条件下存活，谁也说不好。我们内部经过了反复的讨论和求证，最后事实证明我们的选择还是正确的。在一些全新的，不熟悉的环境中做设计，有时候我们背负的压力还是很大的。

白色电光釉马赛克

椭圆形树池坐凳

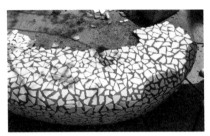

图2-2-22 意向及施工现场

图2-2-23 竣工效果

建工：横轴部分是相对较大的户外活动空间，当初的创意是什么呢？

章：横轴部分是唯一相对较大的空间，这个空间实际由一个动的空间和一个静的空间组成，我们并没有强势地去区分动和静，只是用两节台阶的高差，把两个空间区分开，同时乔木种植形式暗示一种围合空间的存在，希望是对阿那亚乌托邦精神的一种释怀（图2-2-24～图2-2-26）。

图2-2-24 概念草图

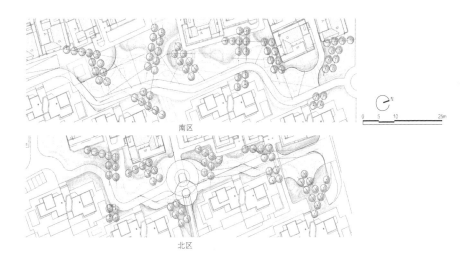

南区

北区

图2-2-25 平面草图

图2-2-26 场地模型

图2-2-27 施工现场

建工：铺装材料的黑、白、灰呈渐变的图案，给人一种跳跃奔放阳光的氛围，做出来后达到了预期的效果吗？

章：个人认为达到了预期效果。虽然别墅区做的白墙红瓦古朴的感觉，但总感觉缺少些地中海特别阳光、奔放的氛围。为此，通过材料的渐变，把这种愉悦的氛围表现出来就显得格外重要（图2-2-27~图2-2-30）。

图2-2-28 竣工效果

图2-2-29 跳跃感的铺装，浣扎着阳光与柔波

图2-2-30　散点式的围合空间，收与放的结合

建工：种植上采用了较多野趣十足的地被花草，是行业的流行还是想刻意地表现这部分？

章：我觉得应该是同步，虽不能说我们做完之后大家才做，也不是说流行以后我们跟风来做，本项目做的时候至少还没有流行，但是做完以后正好也开始流行（笑）。这回总算是心安理得（图2-2-31~2-2-34）。

建工：种植槽采用不锈钢材料，是不是考虑到在海边海风的侵蚀？看上去种植槽里的地被草花长势并不太理想，这个是什么原因？

章：不锈钢材料我们当时也推敲过，用的材料是316不锈钢，焊条用的也是316，从设计角度来说没有问题，实际上后来再去也没看到有生锈，但是以后不好说，磕磕碰碰的，有点伤就会很麻烦。为什么选择不锈钢呢，主要还是考虑与整体氛围更加吻合吧！只是一直搞不懂种植槽的地被植物为什么表现不好？应该是施工管理方面出了问题。

停车位采用植草格，增加绿化面积

图2-2-31 种植效果图

图2-2-32 野趣十足的种植

图2-2-33 种植效果

图2-2-34　微地形与乔灌草，完成外围停车场向住宅的过渡

图2-2-35　施工现场

建工：足球场周边的风格与以上两个区不同，而且沥青道路的道牙也与其他项目不太一样，这是在设计过程中特意去做的吗？

章：可以这么说。足球场在两个别墅区域中间夹着，比较独立，所以足球场风格跟两个别墅区不一定要相同。足球场是动态的，周边的种植设计一是要求高大，用的杨树；再就是要求动态，一排排杨树，长短不一，营造错落之感觉。道牙设计了收边，没有让沥青直接撞到道牙，而是撞到一个平面，一条白色的石材收边，收边以后再起道牙，两重强化。收边的石材不仅是设计出一条线，每间隔一段距离还做了斜刨槽，穿插了"不痛不痒"的小设计。道牙也与常规不一样，没有做弧形道牙，也没有做直道牙，而是做了比较大的倒角，感觉有点像斜道牙，但又不是，做出来的感觉跟直道牙也不一样，又不像弧形道牙做出来那么奢华，有装饰而不强势（图2-2-35、图2-2-36）。

图2-2-36　乔木与地被种植的统一

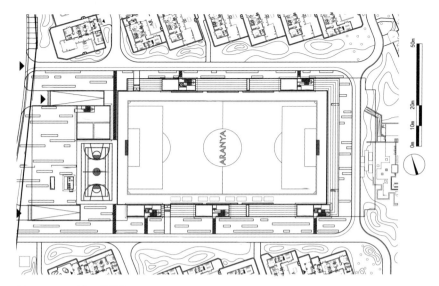

图2-2-37 运动场区平面图

建工：我们看到在足球场和篮球场区域
种了一排排挺拔的杨树，跟一般的足球
场景观设计很是不同，程工在这方面有
什么补充吗？

程：熟悉章老师的人都比较清楚，章老
师非常喜欢使用杨树，尤其是新疆杨，
来表达他的设计意图或是划分空间。线
性排列的树在基底上形成的是点、线、
面完美构成的作品。此项目在最初的方
案设计中采用银杏树形成一列列的树
阵，想要打造一片银杏林，秋季银杏树
叶变黄，这里将是阿那亚社区最有特色

的景象之一。然而银杏在前一期项目也
有使用，由于海边的气候影响，长势并
不是很好，所以我们放弃了银杏，采用
了在海边长势不错的银中杨，银白挺拔
的树干，向上生长的枝条，正符合此地
块运动公园蓬勃向上、拼搏进取的寓
意，可以说银中杨带来了出乎意料的惊
艳效果。银中杨在用花岗岩板圈出来的
带状种植池内形成一列列的线条，线条
在基底上看似无序，却又带来了规整有
序的阵列效果，所以整体看上去非常有
气势（图2-2-37~图2-2-41）。

图2-2-38 设计手稿

图2-2-39 种植效果图

图2-2-40 施工现场

图2-2-41  错落有致的种植形式

建工：说到花岗岩板圈出来的带状种植池，我们也注意到了，在绿地里采用很薄的白色花岗岩板界定出种植池，这种做法好像也是很少见。

程：对。这个种植池采用2cm厚的白色机切面花岗岩板，在绿地中非常突显，可以说强化了种植池的边界。种植池内满种各种花卉及观赏草，形成一条条带状自然形态的花境，而无形的花境被一条条有形的种植池所界定，可见章老师将各种元素都控制得游刃有余。这个种植池有长有短，在整体宏观上看是一条条动感的"线"，阵列布置在基底面上；而在微观上，它本身也是一个个"面"，给花境中的点状种植提供了一个基底。无论在哪种视角，都呈现出一个非常好的景观效果，章老师在点线面的布局转换上可谓出神入化（图2-2-42~图2-2-44）。（建工：章老师在材料的运用上，还有空间的界定上有很多巧妙的办法。）

图2-2-42　入口区设计效果图

图2-2-43　限定中的"乱"

建工：章老师在做这个项目的过程中，有没有其他意外的收获？

章：每个项目都或多或少留有遗憾，失败是成功之母，失败越多越能得到成长。不过以甲方的损失换来的收获很不人道。其次就是反思，这是我所有项目中现场交叉施工最严重的，与此带来工程上材料的损耗，包括质量的控制是非常困难的。甲方提出"乌托邦"社区，强调"邻里"，解决城市人的情感缺失与"饥饿"，最初的疗伤成为网红的由来，虽然几个过于"厚重"的网红建筑均不反映当代的潮流，但阿那亚却是这个特定时代的产物，没有什么道理可讲，全过程中收获满满（图2-2-45）。

图2-2-45　自然中的生命力

# 水与光的秩序

——新疆巴州和硕团结公园景观设计

项目名称：水与光的秩序——新疆巴州和硕团结公园
项目位置：新疆巴州和硕
项目面积：16.85hm²
委托单位：新疆和硕建设局
设计单位：R-land 北京源树景观规划设计事务所
方案设计：章俊华　范雷　张筱婷
扩初+施工设计：章俊华　白祖华　胡海波　张筱婷　于沣　汤进　钱诚　赵长江
专项设计：杨春明（电气）　徐飞飞（水专业）　闫兆林（建筑）　宋正刚（结构）
建筑设计：北京世纪博峰建筑设计咨询有限公司
施工单位：土建施工　新疆福星建设（集团）有限公司和硕分公司
　　　　　种植施工　巴州大自然园林绿化工程有限责任公司
设计时间：2011年10月~2013年11月
竣工时间：2015年10月

图2-3-1  水面、林地、置石，水与光的秩序

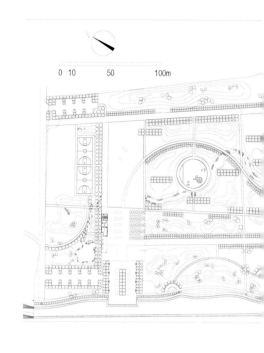

团结公园位于北干渠的东侧，场地平整，有4条交叉的现状路通过公园，将场地分割为"井"字体形，并有几处林带分布其中。如何最大程度地利用北干渠的水资源成为本次设计的关键。

首先保留了贯穿南北向的现状路及两侧的林带，形成了场地的东区和西区。西区靠近北干渠一侧，呈现相对狭长的地块，为此将西区通过地形穿插缓解护岸的高差，同时又形成多个曲径通

幽的自然小空间。设置了2条步道。以静、幽、围的组合形成空间的特征。其次，东区是公园的主轴线空间，由两侧规则形水池和中央自然形水池构成场所的骨架，主轴线由南至北分别设置了景观塔、光影阁及寄思坛。同时在最南及北端还设置了下沉广场及北入口广场。以动、悦、敞的组合形成空间的特征。

景观塔完成了看与被看的功能需求，强化了场所的中心存在；光影阁尝

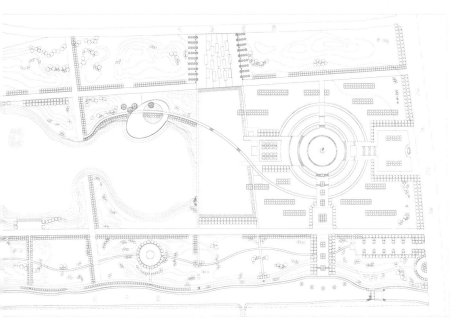

图2-3-2　和硕团结公园平面图

试了光影变化的时与空序列，承载着景观塔的对景呼应；寄思坛演绎了围合与开放的双重体验，界定了空间的领域感；曲折蜿蜒的园路，串联着各异的空间体感；既存树列的保留，呼唤场所的记忆与肌理；自然中的规整种植，统合着无关的场所；北干渠东岸的整修，构筑渠-园一体化的格局；水面最大化的引入，寄托了百姓的情怀；东区略显张扬的构建，满足了时代的需求；西区的空间过渡，彰显常规中的非常规。中央广场的旋转式格局，完成了纵向与横向动线的延续和转换；下沉广场围合的空间，提供了全天候户外活动的小环境，并使公园的南向延伸成为可能。

开放、轻盈、宁静、辽阔的水，变幻、激情、神秘、无形的光，构筑了场所——水与光的秩序（图2-3-1、图2-3-2）。

项目访谈

对讲人：中国建筑工业出版社（以下简称建工）、章俊华（以下简称章）、范雷（以下简称范）、于沣（以下简称于）、赵长江（以下简称赵）

建工：章老师您在新疆一共设计了好几处公园，团结公园是其中比较有特色的公园吗？

章：每个公园都有它的特色，团结公园算是新疆公园项目中做得最省事的，没用太多时间修改，施工图也没用太多时间反复调整，特色主要表现在突出现状利用上。

建工：团结公园是在新疆和硕建成的第二个综合性公园，它和以往的和硕滨河公园有什么不同，它有什么自身的特点？

范：其实区别还是很大的，最明显的特点就是团结湖公园真真正正地是围绕着水面、水系在打造园区景观，而和硕滨河公园风景带则是结合新旧两个堤坝做出的空间变化，实际河堤上是常年没有水的，只是一个常年断流的河床。

　　第二个特点是，园区场地本身是有现状场地肌理的，也就是现状道路，通过把现状道路保留、延长等，把一个狭长的地带划分为5个活动区，命名为5个特色主体园子。而滨河风景带则是在一张白纸上作画，这点上团结公园的场地记忆感会更强些（图2-3-3~图2-3-5）。

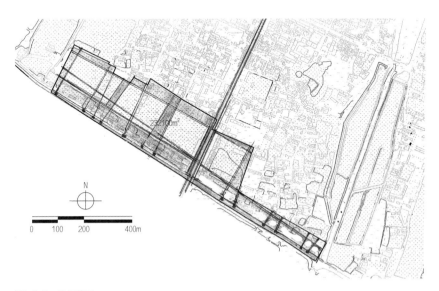

图2-3-3　构想草图

图2-3-4　现场照片

图2-3-5　季向变换的场地现状

第三个特点是团结公园的现状植被效果要比滨河风景带呈现得更快些，这个其实也是章老师一贯的设计特点，充分利用现状场地的每一份资源，很多场地中的大树都被章老师顺利地保留下来。团结公园则是在尊重场地的基础上设计公园，园区内的每个构筑物和小品都是围绕着现状而摆布的。反规划设计思路在这个项目中体现得很到位，同时呈现的效果也很理想。

第四个特点是园区内结合光影设计了很多构筑物，如滨水的圆形景观亭，还有高耸在园区轴线上的观景塔等。在构筑物表皮的设计充分考虑了新疆光照充足的情况，同时也考虑到新疆施工工艺的水平，很多表皮设计都是厂家直接可以购买加工的穿孔板材，通过光影的变化形成光影斑驳的效果。所以我认为这个也算是比滨河风景带考虑得更多了时间和光影的维度（图2-3-6~图2-3-10）。

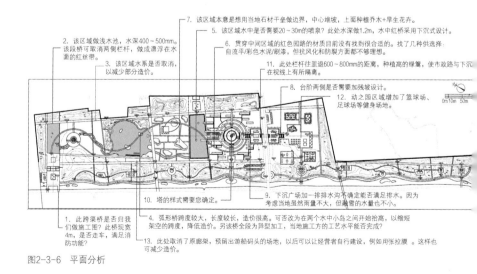

2. 该区域做浅水池，水深400~500mm。该段桥可取消两侧栏杆，做成漂浮在水面的红丝带。

3. 该区域水系是否取消，以减少部分造价。

7. 该区域本意是想用当地石材干垒做边界，中心堆坡，上面种植乔木+旱生花卉。

5. 该区水中是否需要20~30m的喷泉？此处水深做1.2m，水中红桥采用下沉式设计。

6. 贯穿中间区域的红色园路的材质目前没有找到很合适的。找了几种供选择：自流平/彩色水泥/刷漆，但抗风化和防裂方面都不够理想。

11. 此处栏杆往里退600~800mm的距离，种植高的绿篱，使市政路与下沉在视线上有所隔离。

8. 台阶两侧是否需要加残坡设计。

12. 动之园区域增加了篮球场、足球场等健身场地。

9. 下沉广场加一排排水沟不确定能否满足日排水。因为考虑当地虽然雨量不大，但融雪的水量也不小。

10. 塔的样式需要您确定。

1. 此跨渠桥是否归我们做施工图？此桥现宽4m，是否走车，满足消防功能？

4. 弧形桥跨度较大，长度较长，造价很高。可否改为在两个水中小岛之间开始抬高，以缩短架空的跨度，降低造价？另该桥全段为异型加工，当地施工方的工艺水平能否完成？

13. 此处取消了原廊架，预留出游船码头的场地，以后可以让经营者自行建议，例如用张拉膜。这样也可减少造价。

图2-3-6 平面分析

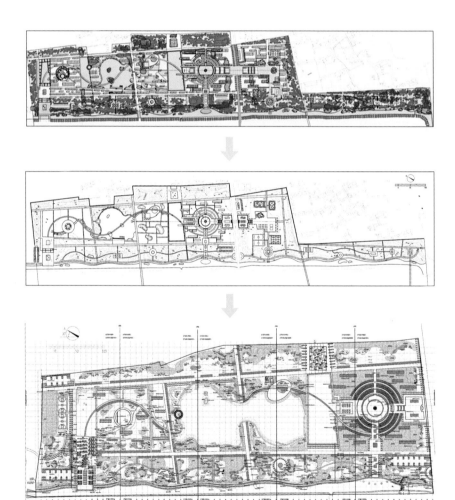

图2-3-7 设计推演

图2-3-8 水面施工过程

图2-3-9 现状树的保留与利用

建工：公园有很多现存的林地和道路，章老师您在设计中都做了怎样的处理？

章：最初接到团结公园项目后就画了个简单的草图，设计师结合保留下来的林地和道路，再穿插一些内容进去。本项目是在尊重现状的基础上做的设计，而不是做完全跟现状没有关系的设计（图2-3-11~图2-3-13）。

建工：团结公园项目与别的项目相比，有什么不同的感受么？

赵：我是在项目进入施工阶段才加入的项目团队，第一次看到图纸时，第一感觉是这个项目平面构图非常新颖，植物配置及细节设计也都很有特色；后来我全程参与了整个施工过程，和章老师一起做项目确实和一般项目不同，整个过程都让我印象非常深刻。

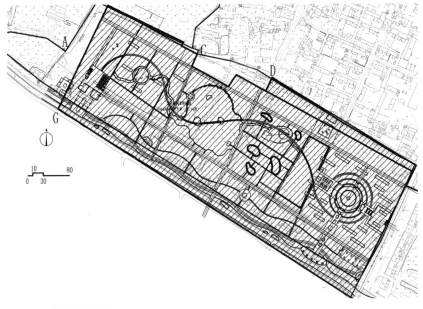

图2-3-11 平面图调整稿

图2-3-12　施工现场

图2-3-13 现状树的保留和利用

建工：公园中采用了很大的水面，在新疆地区气候条件下，是否实现起来不是那么容易？首先是哪里能有这么多水呢？

章：按常理说是不可能的，之前做的库尔勒孔雀公园、博乐的人民公园，都利用周边的河道。团结公园项目也一样，正好公园旁边有水渠，我们就直接把渠水引过来，利用渠水在公园里做水景（图2-3-14）。

建工：原来有一条水渠从西边通过，是常年有水吗？从图上看水渠靠公园一侧做成曲线形状，成为公园的临水空间，这一大胆的设想水利局能通过吗？

章：基本常年有水，水渠是浇灌用的，从开春一直到秋季都有水。设计是做成曲线状，但最后没有实施，我们希望对面的驳岸是直的，靠近公园这部分是做成稍微有点曲线，水利局很难通过。最后折中了一下，直线渠形没有动，但是在下游做了个滚水坝，把通过公园段的水渠稳定成水面（图2-3-15）。

图2-3-14　公园西侧的北干渠

图2-3-15　通过公园段的水渠稳定成水面

建工：场地分为两大不同风格的空间，西侧林地是如何利用的呢？

章：西侧林地靠水，之前是比较平坦的，我们保留了现有林地，没有树林的地方，尽量做些地形，使林地结合地形形成曲径通幽的感觉，作为公园较封闭的空间区域（图2-3-16）。

建工：东侧是相对比较开放的区域，由4处大水面连成一体，几处最主要的景点均匀分布在其中，无形中构成了公园中心区的视觉通廊。

章：是的，最早时的构想就是这样的，当时设计做得很大胆，把视觉通廊做高架起来（图2-3-17），如果是建成效果肯定不会差，后因投资较大等方面原因没有实施。之前的设计是把空间做大，但水面小，最终还是把水面调整大了（图2-3-18）。

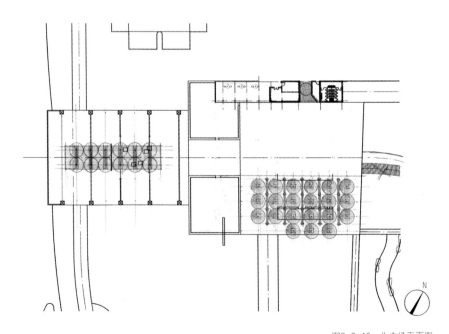

图2-3-16 北广场平面图

图2-3-17 高架的视觉通廊

图2-3-18 施工过程

建工：刚才说到水面设计是本案的一大亮点，能具体说说里面的故事吗？

范：说到里面的故事还是很多的，因为园区内的水面是后期人为在北干渠里引过来的，所以在水系竖向上，想了很多的解决办法，同时还要保证水系流过园区后回归到灌溉渠里，对于这么长一个公园来说，竖向结合现状推导是很麻烦的事。还有北干渠里的水质并不是十分理想，利用净化水设备对于新疆项目来说肯定也是不太可能现实的，所以通过植物净化和水体自身净化方面达到水质

的优良的效果，虽然效果还是有点小遗憾，但是镜面反射的效果还是达到了预期的（图2-3-19）。

还有就是水面在不同的区域要呈现的效果也是不一样的，如在入口景观区的水面配合景观置石还有浮桥，形成禅意的景观效果，有点像武侠片里的场景。而中心景观区的水面主打还是自然的效果，形成一个开敞的大水面。最后一个水面是围绕景观塔打造的，这里的水面就像一面镜子，配上周围的景观植物，宛若一幅印象山水画。

图2-3-19　公园北广场

建工：整个过程都印象深刻，那么其中一定有印象最深刻的点吧？

赵：是的，我就说说我印象最深刻的一点。在最初的设计中，园中的3个水系是通过水泵抽取北干渠的水，分别独立循环。后来在施工现场，章老师提出建议，可以将3个水系连成一体，引渠水入园后（图2-3-20），通过自然落差使水体仅靠重力实现循环，这样可以大幅降低前期投入及后期的运维成本。为了实现这一目的我们调整了园区竖向及水系实施方案，还通过水利部门在渠内增加了橡胶坝，最终成功实现了这一效果。这种对项目、对甲方、对当地人民认真负责的态度，是这个项目中我印象最深刻的地方，也对我后来的工作起到了非常大的引导作用（图2-3-21、图2-3-22）。

（a）方案调整前

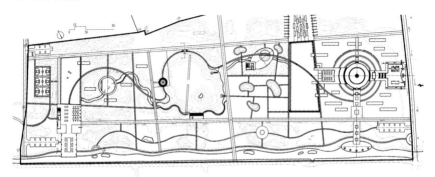

（b）方案调整后

图2-3-20　园区水系调整图

图2-3-21　水面与林地

图2-3-22　卵石衬底的开敞水面

建工：最南侧是主入口区，为什么又做了个下沉式的广场，而其北侧又是全园的制高点，这一凹、一凸，一定有他的考量吧。

章：按常理主入口区下沉会很怪，正常是绕一圈过去（图2-3-23），目前的地块是公园的一期，路南侧是二期，我们原本是考虑到一期和二期的连接，当地做立交是有难度的，就设计成平交，从公园地下涵洞过去连接一期与二期，所以在路口做了一个下沉空间，但最后二期没有实施。失控是最痛苦的一件事（图2-3-24~图2-3-29）。

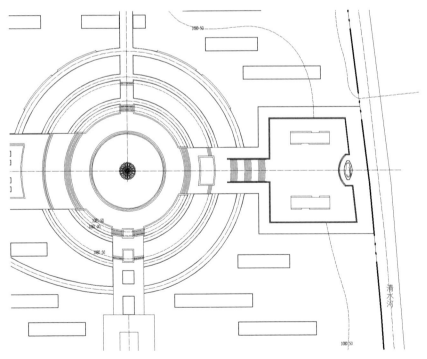

图2-3-23　主入口区平面图

图2-3-24 施工现场

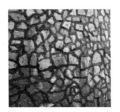

图2-3-25　当地石材带来丰富的视觉体验

图2-3-26 施工过程

图2-3-27 主入口下沉空间

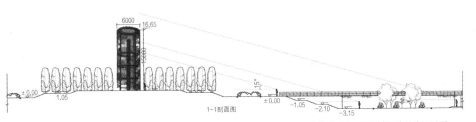

图2-3-28 景观塔设计及施工过程

图2-3-29　放射状种植，烘托着场所的存在

建工：据说南入口的瞭望塔区域，建园前是一片果园。从照片上看好像果树不是很大，是后来又补种的吗？

章：原来这里是个特别好的果园，本想保留下来，但是到了实施阶段，施工队全都给换成新的果树。之前的果园换得太可惜，内心不强大随时会崩溃（图2-3-30、图2-3-31）。

建工：团结公园的植物设计与之前做过的和硕滨河风景带有什么区别？

于：和硕滨河风景带分为三期，最大的特色是结合新旧两个堤坝做出的空间变化，地形和种植就是围绕这个特色来深化设计的。种植上面一期的紧凑、二期的绿谷和三期的疏旷，让风景带的植物空间大开大合，变化很大。

而团结公园依托北干渠的水资源，重点打造水景，看重光影变化，所以植物设计时秩序感更强。除了东西两端与

北干渠和其他地块交接处用自然式种植结合地形形成绿色屏障外，中心景观区域以平行于地块边缘的列植乔木为设计元素，形成几何分布的乔木序列，随着日升日落，树影的位置和长短发生变化，如同日晷一样反映时间的流逝，有规律的变化（图2-3-32）。

建工：那么植物品种的选择上有什么讲究么？

于：和风景带相比，团结公园的地被品种选择上使用了一些观赏草。这是因为之前在现场踏勘时发现北干渠的水系边有野生的芨芨草，花序飘飘摇摇在日光下很柔美，有一种美颜相机柔光效果，很唯美。所以公园内地被设计时除了常用的鸢尾、萱草、马蔺、扫帚苗、黄花矶松之外，还增添了狼尾草和芨芨草等观赏草种类（图2-3-33、图2-3-34）。

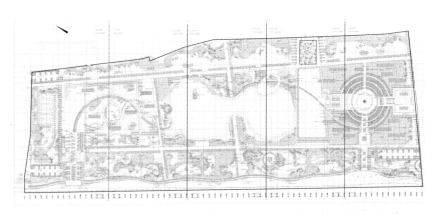

图2-3-30 种植平面图

图2-3-31 施工过程

图2-3-32 随时间变化而变化的光影

图2-3-33 观赏草的适量使用

图2-3-34　乔木隔离树

建工：中心湖两部分基本体量相似，设计当初没有考虑做些大小变化吗？

章：这里稍微有点遗憾，最初的设计没做这么大的水面，原方案中间也只有一个大水面，但大领导觉得不够，建议把水面扩大。原有道路旁边有一排非常好的杨树，修改方案过程中犹豫一下，扩大之后需要将道路断开，又觉得去掉杨树有点可惜，就打开了一个小口，没有彻底打开，保留了杨树，反之就会成为一个大湖，会更理想些。现在想想当初的误判导致了最终的遗憾（图2-3-35）。

建工：湖北岸的临水建筑既起到了南侧眺望塔的对景作用，又连接了其北侧的圆形半封闭式广场，形成了一条视觉轴线。

章：当初南侧起点做了18m的塔，设计时觉得很高。但是树木长得更高，最后感觉塔不够高了。圆形半封闭式广场是轴线的结束，视觉通廊的构想基本实现了（图2-3-36~图2-3-39）。

图2-3-35　水面扩大后的中心湖

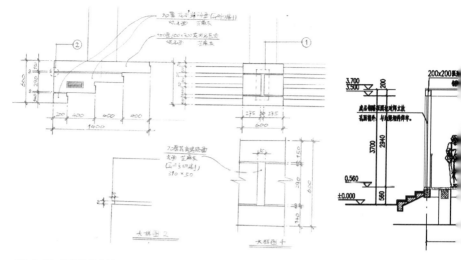

图2-3-36　细部设计草图

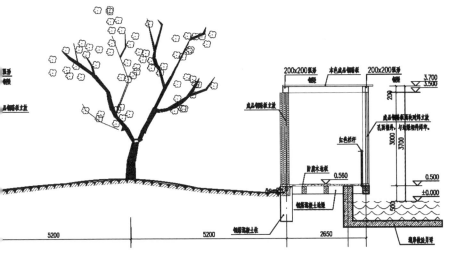

图2-3-37　圆形围合通廊断面图

图2-3-38　圆形围合通廊

图2-3-30 既成材料的简易组合，编织着时光的画卷

建工：能介绍一下圆形半封闭式广场吗？

章：封闭式广场正好在视觉通廊的北边。中国有句话：要通，一通到底不行，需要进行遮挡。所以是在快到水池结束的地方做了个遮挡，整体空间很宽敞，私密性少一点，希望在视觉通廊中间还有一个"世外桃源"，进去之后看不到周边，下沉式的设计，在这个小空间里只能看见斜坡和一棵树，然后是天空。让人可以"胡思乱想"（图2-3-40~图2-3-44）。

图2-3-40　上图：施工现场
　　　　　　下图：竣工后

图2-3-41　上图：施工现场
　　　　　　下图：改变一通到底的空间，进行遮挡

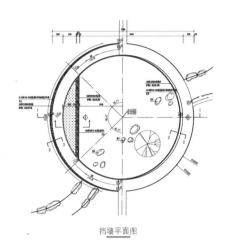

挡墙平面图

图2-3-42　上图：挡墙平面图
　　　　　中图：施工现场
　　　　　下图：挡墙剖面图

1-1剖面图

图2-3-43 散落在斜坡之上的置石

图2-3-44 略显孤独的旱柳: 孕育着生命的源泉

建工：公园是由东西侧两条南北向道路加若干条东西向道路组成的网状园路系统，有点像农田的网格分布，是刻意的吗？

章：不是刻意的，把原来现状路和树保留下来，自然而然就成为现在这个样子了。路的部分我们又进行了升级设计，现状道路的两边绿化都保留了。又在农田的基底上穿插了曲线的园路步道（图2-3-45）。

建工：噢，原来是这样，游览路还是曲线，特别是视觉轴，虽然没有笔直的大道，但是由一条蜿蜒曲折的园路将主景连接起来。

章：本身是网格状的农田，我们希望通过曲线路蜿蜒穿过去，因为水面增大，之前设计从中间穿过去，现在是没水的地方从中间过，有水的地方从两边过（图2-3-46）。

图2-3-45　保留的现状树

图2-3-46  漂浮的花瓣、水与石粒

图2-3-47 扩大后的水面将北部的雪山尽收眼底

建工：章老师您的作品中有大尺度的城市公园，也有小尺度的公共空间，这两种不同尺度对设计师来说，哪种更容易完成？

章：肯定是小尺度的公共空间比较容易完成，比较好控制，个人感觉两三公顷还是好控制的，再大到十几公顷的话就比较难把控。公园相对来说会比较难出作品，需要分很多的区，有很多功能要求，相对于要求完成一个作品来说其间还是存在较大的区别（图2-3-47）。

建工：设计过程中，您是希望表达自己想要表达的场所，还是表达利用者需求的场所呢？

章：两者都是不可或缺的，完全表达自己想要的场所可能不现实，完全表达利用者需求的场所又很尴尬，在满足利用者功能条件下，如何把自己想要表达的场所做出来，是最大的目标。这也正是日常不时表露出来的种种焦虑的原因所在（图2-3-48）。

图2-3-48  水、石、树的交融

建工：作为这次采访结束，您能否对同行说些什么吗？或者说简单地诠释一下，您认为"设计"是什么？

章：一直在思考这一问题，今年新书的名为"无为而治"，应该是我目前对设计认识相对准确的诠释吧！设计是在做空间的控制，你的意图要传达给对方，但又不能让对方感觉过于强势，做了又没有刻意去做，用传统的说法就是："虽由人作宛自天开"，这是设计的最高境界。其实古人早就说明白了（笑）（图2-3-49~图2-3-51）。

图2-3-49　超出预测的利用行为

图2-3-50　空间的自我表达

图2-3-51 不经意间的风景

# 后记

新疆和硕政府广场项目以植物作为构筑场所的媒体，利用植物材料去界定不同场所的空间形态，尝试把有生命的、不断生长的物体有形化。秦皇岛阿那亚项目始终贯彻有节制的奢华、时尚和高贵，使有形的空间随时序的变化而不失形，在这里恰如其分的细部成为以不变应万变的法宝。然而团结公园项目却显得格外放松与自如，让"水"去承载和表现自然的美。以上这些能得以成真，首先要感谢R-land源树的白祖华、胡海波、张鹏，感谢设计团队的于沣、范雷、张筱婷、杨珂、陈一心、程涛、杨春明、徐飞飞、汤进及参与项目设计的全体成员，感谢负责国内所有项目的联系、安排、落实及设计等一切事物的赵长江，感谢他年复一年的朝夕相处。感谢项目作品的甲方：新疆巴州和硕建设局、北京天行九州旅游置业开发有限公司，感谢项目施工方：新疆福星建设（集团）有限公司和硕分公司、巴州大自然园林绿化工程有限责任公司、北京碧海怡景园林绿化有限公司、重庆金点园林有限公司、中体国际体育设施（北京）有限公司。感谢鼎力支持，共同完成出版工作的中国建筑工业出版社杜洁主任、兰丽婷编辑。最后还要在此感谢连续4年为本系列书设计封面的胡楠老师。

对于每天都在与设计打交道的人来说，每时每刻均离不开探索其中的因与果。这里需要艺术家跳跃式的感性思维，同时也需要客观、综合的理性思考，也许这就是一个作品的出现需要长时间积累的原因之一。这两种完全不同的思维模式的相互转换永远伴随着每位设计师的成长之路，也许其间大部分时间都处于一种迷茫的状态之中。无论中途出现过多少次反复，经历不同的方式去思考，解答所面对的问题。能做到两者之间的自由转换也仅仅是开始，然而一旦可以开始的话，设计师自身的世界观将会毫无保留地显现于作品之中，成为心灵的写照，最后会发现，"无为而治"是不言而喻的选择！

章俊华
2019年元月于松户

千里千秋——空间与时间的访谈
章俊华　著

江苏凤凰科学技术出版社
国 32 开，191 页，定价：49.80 元，出版时间：2015年6月

从我们的设计范围来看，始终都离不开"尺度"的概念。我们在不同大小的空间场所中，尽情地表达出自己希望表达的一切！与空间场所同时存在的另外一个不可缺少的部分，是对时间层面的思考。也就是说不仅要着眼于"现在"，还要展望"未来"，同时也少不了努力挖掘、再认识"过去"并从中获得新的发现。

本书希望通过"时·空"（时间和空间），演绎为书名就是《千里千秋——空间与时间的访谈》，来讲述著者渴望表达的世界观，更确切地说是对设计行为的一种态度。

本书分为以下两部分：

"陋言拙语"部分选入了15篇小文章，其中有随笔杂谈，也有相对书面语的庸说浅见，但均不希望离开轻松、通俗、快活的共享。也可以说是著者现阶段还未完全成熟的思维方式的一种传递。

"吾人小作"部分选入了3个项目，通过细小的环节叙述表达了这样一种认识：设计并不像外界想象的那么"高大上"，也没有那么神秘和深奥。如果设计师能崇尚俭朴，同时又能高尚地、谦虚地生活，那么其作品离被大家公认为好作品的日子就不会太远了。

合二为一——场地与机理的解读
章俊华　著

中国建筑工业出版社
国 32 开，225 页，定价：58.00 元，出版时间：2017年1月

当我们接手一个项目的时候，会有很多不确定因素始终伴随着你。实际上将所有出现的因素都很好地消化、理解，最终得出一个无懈可击、完美无缺的作品几乎是不太可能的。所以说唯一的方法是学会"放弃"，也就是做减法。这就是本书的书名：合二为一，将复杂的事物简单化。本书希望向读者传达这样一个信息：每个人都有成为"大师"的机会，只要你能处理好这些因素间的关系，其最好的方式是做减法，并将其"合二为一"。

本书分为以下两部分：

"陋言拙语"部分选入了15篇短文，这些都是一名设计师成长过程中的经历，有些看似与专业无关，但实际上它都与专业存在着千丝万缕的间接联系，并构成和反映了设计师本人的世界观。

"吾人小作"部分选入了3个项目，每个项目也许有很多不解之处，也留下过无可挽回的遗憾。设计用语言表达也许太难，可以简单地概括为：首先要学会"放弃"，其次是把没有"放弃"的部分做到极致，但实际做起来可能也不会太容易。

## 无独有偶——场所与秩序的考量

章俊华　著

中国建筑工业出版社

国 32 开，220 页，定价：58.00 元，出版时间：2018年1月

每一个设计项目都存在决策的过程体系，哪怕是一瞬间跳跃的思维，都将奠定作品的风格和取向。本书向我们诠释了设计中场所与秩序的思考与抉择，面对不同的项目，是采用"借"的方式，或是"自我为中心的表现"，还是选择"基地的延续"，每一个设计决策均诞生了与原有场地"无独有偶"的关系。

作者希望说明的是，任何的创作，最终的目标只要求与原有场地相辅相成，同时又能实现积极意义上的场地升级。

本书分为以下两部分：

"陋言拙语"部分选入了15篇短文，它是作者生活态度的一种折射，也是作者工作与生活中对景观设计的一些感悟。设计师应该有自己的设计思想，它不会从天而降，只有点滴的耕耘才会迎来开花结果。

"吾人小作"部分，选入了作者近期的3个项目，每一个项目都以一问一答的形式记录并呈现出来，使读者阅读和理解起来非常轻松，既有专业人士所关注的专业知识、设计内容、细节描述，也有非专业人士可以直接阅读的项目图纸、现场照片和设计记录。

## 一五一十——景象与心境的寄语

章俊华　著

中国建筑工业出版社

国 32 开，190页，定价：55.00 元，出版时间：2019年1月

凡事过于合理有效未必事半功倍，任劳任怨脚踏实地地对待每一件事，一切都会显得自然而然。世上不存在所谓的无用功，万物均遵循能量守恒的原理，需要的只是"一五一十"地对待面前的一切。

凡事过于合理有效未必事半功倍，任劳任怨脚踏实地地对待每一件事，一切都会显得自然而然。世上不存在所谓的无用功，万物均遵循能量守恒的原理，需要的只是"一五一十"地对待面前的一切。

本书分为以下两部分：

"陋言拙语"部分选入了15篇短文，它不仅是生活中的点点滴滴，同时也是著者世界观的一种表达。文章中既有专业知识的阐述，也有生活乐趣的呈现，阅读起来轻松愉悦，同时其深度又引发回味与思考。

"吾人小作"部分选入了3个项目，每一个作品都通过问答形式的叙述，传达了这样的一种认识：设计说它复杂，确实是一套系统工程，如果非要问有什么灵丹妙药的话，那就是"一五一十"地做好工作中的每一件事。场地本身离不开它，设计师更需要体现其精髓所在。